復刊

行列と群とケーリーと

矢ヶ部 巌 著

現代数学社

はじめに

人生は楽しく，数学も楽しく．――この本の目的は，行列と群との学習ではない．行列と群との鑑賞にある．

世の中は進歩した．行列の概念も群の概念も，高校課程の数学に顔を出したが，今では大学の教養課程で文科・理科を問わず，さらに詳細な知識が伝授される．日本国民の共有財産と化しつつある．

行列と群とについての知識の獲得が普及されつつある反面，それら知識の根源に立ち入るという試みは少ないように見受けられる．教育上の時間的制約のためであろう．だが，物事の根源にさかのぼって考察するというのは，数学精神の基盤ではなかったか．――この部分にスポットをあててみたい．

行列論も群論も，その創設には，ケーリーが深く深くのめりこんでいる．ケーリーの業績を軸に，話を進めていく．ホニャラ・ホニャラ大学の香山教授と，教養課程の学生箱崎・六本松の両君とに，狂言まわしを務めてもらう．《ケーリーをめぐる三人の対話》である．《ケーリーの側からの，行列と群との鑑賞》である．

この本を手にとったアナタが，ほんのひとときでも，数学の素顔とナマの魅力とを楽しんでいただければ，さいわいである．

この本の出版を熱列に支持して下さった現代数学社の皆様に，心から，お礼を申し上げたい．

1978年2月

矢ヶ部　巌

目　　次

第1話

行　列

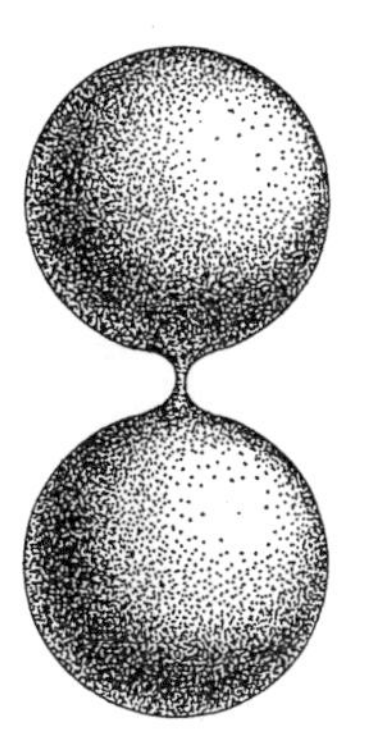

《行列》とかけて《群》と解く．

その心は？　――そのココロを，これから，お話ししよう．

行列の起源

香山　これは，何の記号だと，思う？

$$\begin{array}{|ccc|} \multicolumn{3}{(c)}{a,\quad b,\quad c} \\ a', & b', & c' \\ a'', & b'', & c'' \end{array}$$

箱崎　数学の記号ですね？

パン屋さんの帽子みたいですが，何でしょう．

六本松　行列――じゃ，ない？

香山　その通りだ．

箱崎　(3, 3) 型の行列

$$\begin{pmatrix} a & b & c \\ a' & b' & c' \\ a'' & b'' & c'' \end{pmatrix}$$

なんですか．

香山　ケーリーの，1858年の論文

A memoir on the theory of matrices

のコピーだが，ココにあるだろう．

箱崎　ホントだ．

六本松　一行目だけ，丸い括弧を使うなんて，イキだよナー．

箱崎　今の記号になったのは，何時頃から，ですか？

香山　調べたことは，ない．だが，ケーリーにしても，1855年の論文

Remarques sur la notation des fonctions algébriques

では，

$$\begin{vmatrix} a, & b, & c \\ a', & b', & c' \\ a'', & b'', & c'' \end{vmatrix}$$

という記号を使っている．この論文の末尾に，「これは行列式と紛らわしいので，外の論文では，$\begin{pmatrix} & \\ | & | \end{pmatrix}$ という記号を使った」という主旨の注をつけている．

また，1869年の

On the rational transformation between two spaces

という論文では，2次の正方行列を

$$\begin{pmatrix} a, & b \\ c, & d \end{pmatrix}$$

と書いている．ここらが，現在の行列の記号の始まり，といえるかも知れない．

六本松 コンマが，ついてる．

香山 現在でも，コンマをつける人がいる．

本によっては，印刷上の制約から，

$$\left\| \quad \right\| \text{ とか } \left[\quad \right]$$

も使われているね．

ケーリーは，殆ど，《パン屋の帽子》だが．

箱崎 そうすると，行列は，ケーリーという人のセンバイ特許なんですね．

香山 行列の概念は，ソウではない．

シルヴェスターが導入する．

Additions to the articles, "On a new class of theorems," and "Pascal's theorem"

という論文でだ．1850年のことだ．

射影幾何学に，パスカルの定理という有名な命題がある．それを含む，もっと一般的な定理を確立しよう——というのが，この論文の目的だ．

その考察で，小行列式の性質が必要となる．

n 次の行列式の，r 次の小列行式の個数は？

箱崎 r 個の行と，r 個の列とから作るんですから，

$$({}_nC_r)^2$$

です．

六本松 つまり，

$$\left\{\frac{n(n-1)\cdots(n-r+1)}{1\cdot2\cdots r}\right\}^2.$$

香山 これらの r 次の小行列式の中の $(n-r+1)^2$ 個が零なら，残りの r 次の小行列式も零になる――と，シルヴェスターは，いう．そして，この性質を Homaloidal law とよぶ．

これは，もっと一般化されることも注意している．そこに，行列の概念が登場する．

このコピーの，ココだ………

六本松 "This homaloidal law has not been stated in the above commentary in its form of greatest generality. For this purpose we must commence, not with a square, but with an oblong arrangement of terms consisting, suppose, of m lines and n columns. This will not in itself represent a determinant, but is, as it were, a Matrix out of which we may form various systems of determinants by fixing upon a number p, and selecting at will p lines and p columns, the squares corresponding to which may be termed determinants of the pth order."

箱崎 行列式を作り出す《母体》として，行列を考え出したんですね．

六本松 一般的な Homaloidal law は，「$(m,\ n)$ 型の行列から p 次の小行列式を作るとき，その中の

$$(n-p+1)(m-p+1)$$

個が零なら，残りの p 次の小行列式はゼンブ零になる」と，なってる．

この結果は，行列の階数の計算に，利用できる．

香山　その通りだ．

そこで，行列の階数の起源をシルヴェスターとみる人がいる．異説もある．

箱崎　どんな説ですか？

香山　それは，あとで，みよう．

さて，ケーリーの，1858年の，さっきの論文に返ると……

六本松　"The term matrix might be used in a more general sense, but in the present memoir I consider only square and rectangular matrices, and the term matrix used without qualification is to be understood as meaning a square matrix ; in this restricted sense, a set of quantities arranged in the form of a square, e. g.

$$\begin{array}{ccccc} (& a, & b, & c &) \\ | & a', & b', & c' & | \\ | & a'', & b'', & c'' & | \end{array}$$

is said to be a matrix."

箱崎　"The notion of such a matrix arises naturally from an abbreviated notation for a set of linear equations, viz. the equations

$$X=ax+by+cz,$$
$$Y=a'x+b'y+c'z,$$
$$Z=a''x+b''y+c''z,$$

may be more simply represented by

$$(X, Y, Z)=\begin{array}{ccccc} (& a, & b, & c &)(x, y, z) \\ | & a', & b', & c' & | \\ | & a'', & b'', & c'' & | \end{array}$$

and ……"

六本松　今の記号だと，

$$\begin{pmatrix} X \\ Y \\ Z \end{pmatrix}=\begin{pmatrix} a & b & c \\ a' & b' & c' \\ a'' & b'' & c'' \end{pmatrix}\begin{pmatrix} x \\ y \\ z \end{pmatrix}$$

だから，ケーリーの場合は，行列は線形写像の《省略記号》だ．

箱崎　教科書では，行列を先に定義して，それから1次変換を表したり，しますが……

六本松　事実は，教科書よりキなり！

香山　この生誕の秘密が示すように，行列ソク線形写像という認識が肝要だ．

行列の理論は，ケーリーの，この1858年の論文に始まるのだが，それは，この認識を俟って初めて展開される．

さつきの続きに，“the consideration of such a system of equations leads to most of the fundamental notions in the theory of matrices”と，あるだろう．

行列の和と差

香山　1821年8月16日は，何の日だ？

箱崎　1821年は，文政4年で——伊能忠敬が『大日本沿海輿地全図』を完成した年ですが……

六本松　数学上なら，極限概念や連続概念を基礎づけた，コーシーの本が出版された年だけど，8月16日は，記憶にゴザイマセン．

香山　ケーリーの誕生日だ．

箱崎　そうすると，『行列の理論』を発表した1858年には37歳で，脂が乗ってる頃ですね．

香山　ケーリーの脂は，なかなか，切れない．

20歳の学生時代の処女論文から，74歳で亡くなるまで，アイデアの泉は尽きない．967編の業績は，13巻の全集となっている．

箱崎　スゴイ！

六本松　大量生産！

香山　この多産な創造力に匹敵する者は，オイラーとコーシーを除いては，いない．

20 歳代で発表したもの 93 編，30 歳代で 177 編，40 歳代で 185 編，50 歳代で 294 編，60 歳代で 152 編，70 歳代で 66 編だ．

箱崎　ダンダンふえて，50歳代で頂点ですね．

六本松　そのときは，一年平均で 29 編！

香山　年間でみると，1871年代の 47 編が最高だ．

箱崎　8 日に 1 編の割合ですね．

六本松　日曜日は教会に行く安息日だから，一週間に一編だ．

人間業とは思えない．

香山　安政の大獄が始まった，1858年の論文に返ろう．

行列の和は，どう，なっている？

箱崎　えーと，“The equations

$$(X, Y, Z) = \left(\begin{array}{ccc} a, & b, & c \\ a', & b', & c' \\ a'', & b'', & c'' \end{array}\right)(x, y, z),$$

$$(X', Y', Z') = \left(\begin{array}{ccc} \alpha, & \beta, & \gamma \\ \alpha', & \beta', & \gamma' \\ \alpha'', & \beta'', & \gamma'' \end{array}\right)(x, y, z)$$

give

$$(X+X', Y+Y', Z+Z') = \left(\begin{array}{ccc} a+\alpha, & b+\beta, & c+\gamma \\ a'+\alpha', & b'+\beta', & c'+\gamma' \\ a''+\alpha'', & b''+\beta'', & c''+\gamma'' \end{array}\right)(x, y, z)$$

and this leads to

$$\left(\begin{array}{ccc} a+\alpha, & b+\beta, & c+\gamma \\ a'+\alpha', & b'+\beta', & c'+\gamma' \\ a''+\alpha'', & b''+\beta'', & c''+\gamma'' \end{array}\right) = \left(\begin{array}{ccc} a, & b, & c \\ a', & b', & c' \\ a'', & b'', & c'' \end{array}\right) + \left(\begin{array}{ccc} \alpha, & \beta, & \gamma \\ \alpha', & \beta', & \gamma' \\ \alpha'', & \beta'', & \gamma'' \end{array}\right)$$

as a rule for the addition of matrices ; that for their subtraction is of course similar to it.”

六本松　つまり，1 次変換

$$\begin{cases} X=ax+by+cz \\ Y=a'x+b'y+c'z \\ Z=a''x+b''y+c''z \end{cases}$$

と，1次変換

$$\begin{cases} X'=\alpha x+\beta y+\gamma z \\ Y'=\alpha' x+\beta' y+\gamma' z \\ Z'=\alpha'' x+\beta'' y+\gamma'' z \end{cases}$$

とから，1次変換

$$\begin{cases} X+X'=(a+\alpha)x+(b+\beta)y+(c+\gamma)z \\ Y+Y'=(a'+\alpha')x+(b'+\beta')y+(c'+\gamma')z \\ Z+Z'=(a''+\alpha'')x+(b''+\beta'')y+(c''+\gamma'')z \end{cases}$$

が作れるから，

$$\begin{pmatrix} a & b & c \\ a' & b' & c' \\ a'' & b'' & c'' \end{pmatrix} \text{ と } \begin{pmatrix} \alpha & \beta & \gamma \\ \alpha' & \beta' & \gamma' \\ \alpha'' & \beta'' & \gamma'' \end{pmatrix}$$

との和を

$$\begin{pmatrix} a+\alpha & b+\beta & c+\gamma \\ a'+\alpha' & b'+\beta' & c'+\gamma' \\ a''+\alpha'' & b''+\beta'' & c''+\gamma'' \end{pmatrix}$$

と考える．

箱崎 一般化すると，「二つの行列は，同型であるとき加え合わせることができて，対応する成分の和を成分とする行列を，その和という」と定義する，教科書のになるわけですね．

六本松 「同型であるとき加え合わせることができて」という断り書きは，ケーリーの論文には，ない．

香山 チャンと，ある．矩形行列についての注意で．終わりの方だ．

箱崎 アリマス，あります．

"Matrices may be added or subtracted when the number of the lines and the number of the columns of the one matrix are respectively equal to the number of the lines and the number of the columns of the other matrix, and under the like condition any number of matrices may be added together."

六本松　加法の交換法則と結合法則も注意してる.

"It is clear that we have

$$L+M=M+L,$$

that is, the operation of addition is commutative, and moreover that

$$(L+M)+N=L+(M+N),$$

that is, the operation of addition is also associative."

香山　交換法則や結合法則を調べたのは，何故だ？

箱崎　行列の足し算は，数の足し算と同じように計算できるか，それが心配だからです.

六本松　違うと，《足し算》という言葉が泣いちゃう.

香山　まるっきり，同じかな？

六本松　数は，どんな数同志でも足せるけど，行列は同じ型同志でないと，足せない——この点だけ違う.

香山　数の加法での零に相当する行列は？

箱崎　零行列ですが……，"The quantities (X, Y, Z) will be identically zero, if all the terms of the matrix are zero, and we may say that

$$\begin{pmatrix} 0, & 0, & 0 \\ 0, & 0, & 0 \\ 0, & 0, & 0 \end{pmatrix}$$

is the matrix zero."

六本松　ドンナ (x, y, z) も $(0, 0, 0)$ にうつす線形写像.

箱崎　一般化すると，「すべての成分が零である行列，たとえば

$$(0 \quad 0 \quad 0), \quad \begin{pmatrix} 0 \\ 0 \end{pmatrix}, \quad \begin{pmatrix} 0 & 0 \\ 0 & 0 \end{pmatrix}, \quad \cdots\cdots$$

を零行列といい，型に関係なく O で表す」という，教科書の定義になりますね．

六本松 ケーリーも，“The matrix zero may for the most part be represented simply by 0.” と書いてる．

教科書ではオー，ケーリーはレイで表してる．

箱崎 “A matrix is not altered by the addition or subtraction of the matrix zero, that is, we have

$$M \pm 0 = M.”$$

と，零行列の役割が注意して，ありますね．

六本松 引き算から，行列の相等を，定義してる．

“The equation $L=M$, which expresses that the matrices L, M are equal, may also be written in the form $L-M=0$, i.e. the difference of two equal matrices is the matrix zero.”

箱崎 ケーリーの引き算は，「二つの行列は，同型であるとき引くことができて，対応する成分の差を成分とする行列を，その差という」ですから，相等の定義も，「二つの行列は同型であって，しかも対応する成分がすべて等しいとき，相等しいという」と定義する，教科書のと同じですね．

六本松 結局，同じ線形写像を表すとき，同じ行列と考えてる．

箱崎 教科書では，「$A+C=B$ のとき，$C=B-A$ と書き，C を B から A を引いた差という」と，足し算をもとにして，引き算は足し算の逆算，として定義してあります．

ケーリーは，足し算と引き算をベツベツに定義していて，変わってますね．

六本松 教科書では，引き算の定義のあとで，「このとき

$$B-A=B+(-1)A$$

が成り立つ」と注意してあるから，同じこと．

箱崎 それでも，チョッと変わってる．

行列のスカラー倍

香山　変わっているといえば，ケーリーの生涯も大いに変わっている．

箱崎　と，いいますと？

香山　ケンブリッジ大学で数学を専攻したあとで，法律家を養成する学校へ入る．

箱崎　どうして，ですか？

香山　もちろん，法律業を職とするためだ．

六本松　シュウショク難？

香山　当時のイギリスで，もっとも人気のある職業は，弁護士だったようだ．

六本松　今なら，プロ野球の選手か，お医者さん！

香山　法学院を卒業の1849年から，14年間，弁護士を勤める．

箱崎　967編の中の何百編は，数学者としては，アマの時代に書いたものですね．

香山　1863年，ケンブリッジ大学の数学教授となる．

箱崎　リンカーンが，奴隷開放を，宣言した年ですね．

香山　薩英戦争の年でもある．

この年，結婚する．若い数学者が，華やかな業績のあと結婚するのは，珍しいことではない．だが，ケーリーの場合は，42歳だ．

明治34年，すなわち，1901年での，日本人の平均寿命は42･8歳だそうだから……

六本松　ケーリーは，人生をサカサマに生きてる！

香山　さて，六本松君が注意した式の，$(-1)A$ だが……

箱崎　行列のスカラー倍ですね．

六本松　ここに書いてある．

“The equation

$$(X, Y, Z) = \left(\begin{array}{ccc} a, & b, & c \\ a', & b', & c' \\ a'', & b'', & c'' \end{array}\right)(mx, my, mz)$$

written under the forms

$$(X, Y, Z) = m\left(\begin{array}{ccc} a, & b, & c \\ a', & b', & c' \\ a'', & b'', & c'' \end{array}\right)(x, y, z)$$

$$= \left(\begin{array}{ccc} ma, & mb, & mc \\ ma', & mb', & mc' \\ ma'', & mb'', & mc'' \end{array}\right)(x, y, z)$$

gives

$$m\left(\begin{array}{ccc} a, & b, & c \\ a', & b', & c' \\ a'', & b'', & c'' \end{array}\right) = \left(\begin{array}{ccc} ma, & mb, & mc \\ ma', & mb', & mc' \\ ma'', & mb'', & mc'' \end{array}\right)$$

as a rule for the multiplication of a matrix by a single quantity."

つまり，1次変換

$$\begin{cases} X = a(mx) + b(my) + c(mz) \\ Y = a'(mx) + b'(my) + c'(mz) \\ Z = a''(mx) + b''(my) + c''(mz) \end{cases}$$

は

$$\begin{cases} X = m(ax + by + cz) \\ Y = m(a'x + b'y + c'z) \\ Z = m(a''x + b''y + c''z) \end{cases}$$

と

$$\begin{cases} X = (ma)x + (mb)y + (mc)z \\ Y = (ma')x + (mb')y + (mc')z \\ Z = (ma'')x + (mb'')y + (mc'')z \end{cases}$$

と，二通りに書けるから，

$$m\begin{pmatrix} a & b & c \\ a' & b' & c' \\ a'' & b'' & c'' \end{pmatrix} = \begin{pmatrix} ma & mb & mc \\ ma' & mb' & mc' \\ ma'' & mb'' & mc'' \end{pmatrix}$$

と考える.

箱崎 一般化すると,「m を一つの行列に掛けることは, 各成分を m 倍することである」という,教科書の定義になりますね.

香山 m は?

箱崎 行列の成分と同じ種類の数です.

高校では, 実数を成分に持つ行列だけを習いましたので, m は実数でしたが……

六本松 大学では,複素数を成分に持つ行列も出てきて, そのときは, m は複素数.

香山 行列の加法のためには成分同志の和,行列のスカラー倍のためには成分同志の積が,可能なら,よい.

そこで,数とは限らず,体の元や,環の元を成分とする行列も考察されることとなる.

箱崎 ケーリーの場合, m は《quantity》とダケ書いてありますが,実数なのか複素数なのか,それとも……

香山 一般的に,複素数と考えるのが妥当だろう.

この論文の何処にも,とくに,断ってはいないが.

六本松 オオラカ!

香山 体や環の概念は,あとの年代のものだ.

スカラー倍と,数の乗法との比較は?

六本松 "The multiplier m may be written either before or after the matrix, and the operation is therefore commutative. We have it is clear

$$m(L+M)=mL+mM,$$

or the operation is distributive."

箱崎 最初のところは,

$$mM=Mm$$

と，いうことですね．

六本松 高校ではソウ習ったけど，大学に入ったら，しかられた．mM を Mm と書いてはイケナイとか，これは交換法則ではナイとか．

箱崎 どうして，ですか？

香山 《operation》の概念が厳格になった，からだ．

実数を成分とする行列の場合，実数と行列との積は，実数と行列との組から，さっきの要領で，実数を成分とする行列を作り出すことだな．

《作り出す》という観点を離れて，《対応》という立場から眺めると？

六本松 実数 m と行列 M との組 (m,M) に，M の各成分を m 倍した行列を対応させる．

箱崎 それで，実数全体の集合を $\boldsymbol{R}$，実数を成分に持つ行列全体の集合を S とすると，実数と行列との積は，$\boldsymbol{R}$ と S との直積 $\boldsymbol{R}\times S$ から S への写像です．

香山 これを一般化すると？

六本松 二つの集合 U と V との直積 $U\times V$ から，一つの集合 W への写像，が考えられる．

香山 このように，演算を写像の一種と捉えるのが，現在の流行だ．

$U\times V$ から W への写像によって，$U\times V$ の元 $(u,\ v)$ に対応する W の元は，uv と書く習慣だ．

この際，u と v との順序が大切だな．

箱崎 $(u,\ v)$ は，順序を考えた，組ですから．

六本松 それだから，交換法則が問題になる．

香山 この演算概念の下で，さつきの，$\boldsymbol{R}\times S$ から S への写像によって，$(m,\ M)$ に対応する行列は……

箱崎 mM で表されますが，Mm で表すのは——$S\times\boldsymbol{R}$ から S への写像で，$(M,\ m)$ に，M の各成分を m 倍した行列を対応させたもの——なんですね．

香山 この二つの写像は，異なるな．

六本松　定義域が違う.

箱崎　それで, mM と Mm とを区別するんですね.

六本松

$$mM = Mm$$

というのは, 二つの違う演算の結果が等しい, ということで, 左辺の演算で交換法則が成り立つこと, ではないのだ.

箱崎　一般的に, U と V とが同じ集合のときしか, 交換法則は問題にならない, わけですね.

六本松　分かるかね, 明智クン!

香山　スカラー倍と, 数の乗法との比較で, ケーリーは注意していないもの, があるね.

箱崎　結合法則

$$m(nM) = (mn)M$$

と, もう一つの分配法則

$$(m+n)M = mM + nM$$

です.

六本松　実数1の役割は, 書いてある.

"The matrices L and mL may be said to be similar to each other; in particular, if $m=1$, they are equal, and if $m=-1$, they are opposite."

箱崎　つまり,

$$1L = L, \quad L + (-1)L = O$$

で, 引き算の定義は教科書のと同じになりますね.

行列の積（一）

香山　高校では, 行列の積を, どう導入した?

箱崎　値段の計算からです:

あるデパートで，生産会社別のバター・チーズのL型，S型の詰合せをつくった．そのときのバター・チーズの値段および詰合せの内容は次の表のとおりであった．

	バター	チーズ
甲社製	210円	140円
乙社製	170円	130円

	L型	S型
バター	5個	3個
チーズ	4個	2個

このとき，L型詰合せの値段は甲社製品では

$$210\times5+140\times4=1610(\text{円})$$

である．この計算式を

$$(210\ \ 140)\begin{pmatrix}5\\4\end{pmatrix}=(1610)$$

の形で表すことにすると，乙社の場合は

$$(170\ \ 130)\begin{pmatrix}5\\4\end{pmatrix}=(1370)$$

で表される．

これを(1, 2)型の行列と(2, 1)型の行列の積という．計算の結果は(1, 1)型の行列である．

一般に，

$$(a_1\ \ a_2)\begin{pmatrix}b_1\\b_2\end{pmatrix}=(a_1b_1+a_2b_2)$$

と決める．

六本松　この二つの計算式では，後の列ベクトルが同じである．

このような場合には，これをまとめて

$$\begin{pmatrix}210&140\\170&130\end{pmatrix}\begin{pmatrix}5\\4\end{pmatrix}=\begin{pmatrix}1610\\1370\end{pmatrix}$$

で表し，これを，(2, 2)型の行列と(2, 1)型の行列の積とみなす．この左辺

から右辺へ移る計算は次のように行う．

$$\begin{pmatrix}210 & 140\\170 & 130\end{pmatrix}\begin{pmatrix}5\\4\end{pmatrix}=\begin{pmatrix}210\times5+140\times4\\170\times5+130\times4\end{pmatrix}=\begin{pmatrix}1610\\1370\end{pmatrix}.$$

一般に，(2，2) 型の行列と (2，1) 型の行列の積を次のように決める．

$$\begin{pmatrix}a_1 & a_2\\a_1' & a_2'\end{pmatrix}\begin{pmatrix}b_1\\b_2\end{pmatrix}=\begin{pmatrix}a_1b_1+a_2b_2\\a_1'b_1+a_2'b_2\end{pmatrix}.$$

箱崎　こんな風に，詰合せの値段の計算から，つぎつぎに，(1，2) 型の行列と (2，2) 型の行列の積や，(2，2) 型の行列と (2，2) 型の行列の積を導入しました．

六本松　値段の計算をするダケなのに，オオゲサ，という感じがした．

香山　数学教育は難しい．

負数の計算を導入するのに，《借金》という意味づけを使用することがあるね．加法や減法ではマアマアだが，乗法や除法となると，後味が悪い．

教育的配慮のあまり，日常的な意味づけに頼り過ぎると，こんなことが起こる．険しくとも，導入の原点に返るのが，教育的なこともある．

ケーリーの場合は？

箱崎　えーと，“The equations

$$(X,Y,Z)=\left(\begin{array}{ccc} a, & b, & c\\ a', & b', & c'\\ a'', & b'', & c''\end{array}\right)(x,y,z),$$

$$(x,y,z)=\left(\begin{array}{ccc} \alpha, & \beta, & \gamma\\ \alpha', & \beta', & \gamma'\\ \alpha'', & \beta'', & \gamma''\end{array}\right)(\xi,\eta,\zeta),$$

give

$$(X,Y,Z)=\left(\begin{array}{ccc} A, & B, & C\\ A', & B', & C'\\ A'', & B'', & C''\end{array}\right)(\xi,\eta,\zeta)$$

$$=\left(\begin{array}{ccc} a, & b, & c\\ a', & b', & c'\\ a'', & b'', & c''\end{array}\right)\left(\begin{array}{ccc} \alpha, & \beta, & \gamma\\ \alpha', & \beta', & \gamma'\\ \alpha'', & \beta'', & \gamma''\end{array}\right)(\xi,\eta,\zeta),$$

and thence, substituting for the matrix

$$\begin{pmatrix} A, & B, & C \\ A', & B', & C' \\ A'', & B'', & C'' \end{pmatrix}$$

its value, we obtain

$$\begin{pmatrix} (a, b, c \between \alpha, \alpha', \alpha''), & (a, b, c \between \beta, \beta', \beta''), & (a, b, c \between \gamma, \gamma', \gamma'') \\ (a', b', c' \between \alpha, \alpha', \alpha''), & (a', b', c' \between \beta, \beta', \beta''), & (a', b', c' \between \gamma, \gamma', \gamma'') \\ (a'', b'', c'' \between \alpha, \alpha', \alpha''), & (a'', b'', c'' \between \beta, \beta', \beta''), & (a'', b'', c'' \between \gamma, \gamma', \gamma'') \end{pmatrix}$$

$$= \begin{pmatrix} a, & b, & c \\ a', & b', & c' \\ a'', & b'', & c'' \end{pmatrix} \between \begin{pmatrix} \alpha, & \beta, & \gamma \\ \alpha', & \beta', & \gamma' \\ \alpha'', & \beta'', & \gamma'' \end{pmatrix}$$

as the rule for the multiplication or composition of two matrices."

たとえば，$(a, b, c \between \alpha, \alpha', \alpha'')$ は，二つのベクトル (a, b, c) と $(\alpha, \alpha', \alpha'')$ との内積

$$a\alpha + b\alpha' + c\alpha''$$

の意味なんですね．

六本松 1次変換

$$\begin{cases} x = \alpha\xi + \beta\eta + \gamma\zeta \\ y = \alpha'\xi + \beta'\eta + \gamma'\zeta \\ z = \alpha''\xi + \beta''\eta + \gamma''\zeta \end{cases}$$

と，1次変換

$$\begin{cases} X = ax + by + cz \\ Y = a'x + b'y + c'z \\ Z = a''x + b''y + c''z \end{cases}$$

とで，一番目の x, y, z を二番目の x, y, z に代入して，X, Y, Z を ξ, η, ζ で表すと，

$$\begin{cases} X = (a\alpha + b\alpha' + c\alpha'')\xi + (a\beta + b\beta' + c\beta'')\eta + (a\gamma + b\gamma' + c\gamma'')\zeta \\ Y = (a'\alpha + b'\alpha' + c'\alpha'')\xi + (a'\beta + b'\beta' + c'\beta'')\eta + (a'\gamma + b'\gamma' + c'\gamma'')\zeta \\ Z = (a''\alpha + b''\alpha' + c''\alpha'')\xi + (a''\beta + b''\beta' + c''\beta'')\eta + (a''\gamma + b''\gamma' + c''\gamma'')\zeta \end{cases}$$

となる．

この式を行列を使って書くと，

$$\begin{pmatrix} X \\ Y \\ Z \end{pmatrix} = \begin{pmatrix} a & b & c \\ a' & b' & c' \\ a'' & b'' & c'' \end{pmatrix} \left\{ \begin{pmatrix} \alpha & \beta & \gamma \\ \alpha' & \beta' & \gamma' \\ \alpha'' & \beta'' & \gamma'' \end{pmatrix} \begin{pmatrix} \xi \\ \eta \\ \zeta \end{pmatrix} \right\}$$

と

$$\begin{pmatrix} X \\ Y \\ Z \end{pmatrix} = \begin{pmatrix} a\alpha+b\alpha'+c\alpha'' & a\beta+b\beta'+c\beta'' & a\gamma+b\gamma'+c\gamma'' \\ a'\alpha+b'\alpha'+c'\alpha'' & a'\beta+b'\beta'+c'\beta'' & a'\gamma+b'\gamma'+c'\gamma'' \\ a''\alpha+b''\alpha'+c''\alpha'' & a''\beta+b''\beta'+c''\beta'' & a''\gamma+b''\gamma'+c''\gamma'' \end{pmatrix} \begin{pmatrix} \xi \\ \eta \\ \zeta \end{pmatrix}$$

と，二通りに書けるから

$$\begin{pmatrix} a & b & c \\ a' & b' & c' \\ a'' & b'' & c'' \end{pmatrix} \text{ と } \begin{pmatrix} \alpha & \beta & \gamma \\ \alpha' & \beta' & \gamma' \\ \alpha'' & \beta'' & \gamma'' \end{pmatrix}$$

との積を

$$\begin{pmatrix} a\alpha+b\alpha'+c\alpha'' & a\beta+b\beta'+c\beta'' & a\gamma+b\gamma'+c\gamma'' \\ a'\alpha+b'\alpha'+c'\alpha'' & a'\beta+b'\beta'+c'\beta'' & a'\gamma+b'\gamma'+c'\gamma'' \\ a''\alpha+b''\alpha'+c''\alpha'' & a''\beta+b''\beta'+c''\beta'' & a''\gamma+b''\gamma'+c''\gamma'' \end{pmatrix}$$

と考える．

だから，ケーリーの場合は，線形写像の合成から，行列の 積を導入している．

箱崎　"The notion of composition applies to rectangular matrices, but it is necessary that the number of lines in the second or nearer component matrix should be equal to the number of columns in the first or further component matrix; the compound matrix will then have as many lines as the first or further component matrix, and as many columns as the second or nearer component matrix."

六本松　"As examples of the composition of rectangular matrices, we have

$$\begin{pmatrix} a, & b, & c \\ d, & e, & f \end{pmatrix}\begin{pmatrix} a', & b', & c', & d' \\ e', & f', & g', & h' \\ i', & j', & k', & l' \end{pmatrix}$$

$$=\begin{pmatrix} (a, b, c)(a', e', i'), & (a, b, c)(b', f', j'), & (a, b, c)(c', g', k'), & (a, b, c)(d', h', l') \\ (d, e, f)(a', e', i'), & (d, e, f)(b', f', j'), & (d, e, f)(c', g', k'), & (d, e, f)(d', h', l') \end{pmatrix}$$

and

$$\begin{pmatrix} a, & d \\ b, & e \\ c, & f \end{pmatrix}\begin{pmatrix} a', & b', & c', & d' \\ e', & f', & g', & h' \end{pmatrix}$$

$$=\begin{pmatrix} (a, d)(a', e'), & (a, d)(b', f'), & (a, d)(c', g'), & (a, d)(d', h') \\ (b, e)(a', e'), & (b, e)(b', f'), & (b, e)(c', g'), & (b, e)(d', h') \\ (c, f)(a', e'), & (c, f)(b', f'), & (c, f)(c', g'), & (c, f)(d', h') \end{pmatrix}.\text{"}$$

箱崎　結局，「(l, m) 型の行列 A と (m, n) 型の行列 B とから，A の第 i 行

$$a_{i1}\ a_{i2}\ \cdots\ a_{im}$$

と B の第 j 列

$$\begin{matrix} b_{1j} \\ b_{2j} \\ \vdots \\ b_{mj} \end{matrix}$$

をとり，この成分を順に掛けて，その和をとった，

$$a_{i1}b_{1j}+a_{i2}b_{2j}+\cdots+a_{im}b_{mj}$$

を (i, j) 成分に持つ，(l, n) 型の行列 C を，A と B との積といい，

$$C=AB$$

で表す」と定義する，教科書のになりますね．

六本松　掛けられる行列 A の列の個数と，掛ける行列 B の行の個数とが同じときしか，A と B との積は定義されない．

　こんな場合しか，線形写像は合成されない，から．

箱崎　そして，(l, m) 型の行列と (m, n) 型の行列との積は，(l, n) 型になる

こと，つまり，分かりやすく書くと，

$$(l, m)(m, n) = (l, n)$$

と，まん中の共通なmが抜けた型になること，も大切ですね．

香山　行列の積の計算では，あらかじめ，積の結果は何型かを確認するのが肝要だ．

計算ミスでは，この点が最も多い．

行列の積（二）

香山　行列の積と，数の乗法との比較は？

箱崎　“It is to be observed, that the operation is not a commutative one.”

交換法則は成立しないことが，注意してあります．

六本松　同じ次数の正方行列同志でないと，積の順序は換えられないけど，そのときでも一般的に

$$AB = BA$$

は成り立たない．

香山　たとえば？

箱崎　たとえば——

$$A = \begin{pmatrix} 1 & 0 \\ 0 & -1 \end{pmatrix}, \quad B = \begin{pmatrix} 0 & 1 \\ 1 & 0 \end{pmatrix}$$

のとき，

$$AB = \begin{pmatrix} 0 & 1 \\ -1 & 0 \end{pmatrix}, \quad BA = \begin{pmatrix} 0 & -1 \\ 1 & 0 \end{pmatrix}$$

で，

$$AB \neq BA$$

です．

六本松　行列 A で表される1次変換を f, 行列 B で表される1次変換を g とすると，行列 AB で表される1次変換は $f\circ g$ で，行列 BA で表される1次変換は $g\circ f$.

f は，座標平面上の点を x 軸に関する対称点に移し，g は，座標平面上の点を直線 $y=x$ に関する対称点に移す.

だから，$f\circ g$ は原点を中心としてマイナス $90°$ 回転する1次変換，$g\circ f$ は原点を中心として $90°$ 回転する1次変換で，$f\circ g$ と $g\circ f$ は違う1次変換だから，

$$AB \fallingdotseq BA$$

はアッタリマエ.

箱崎　結合法則は成立します.

"We may in like manner multiply or compound together three or more matrices: the order of arrangement of the factors is of course material, and we may distinguish them as the first or furthest, second, third, &c., and last or nearest component matrices: any two consecutive factors may be compounded together and replaced by a single matrix, and so on until all the matrices are compounded together, the result being independent of the particular mode in which the composition is effected; that is, we have

$$L.\ MN=LM.\ N=LMN,$$
$$LM.\ NP=L.\ MN.\ P,\ \&c.,$$

or the operation of multiplication, although, as already remarked, not commutative, is associative."

六本松　つまり，L が (l, m) 型，M が (m, n) 型で，N が (n, k) 型のとき，

$$L(MN)=(LM)N.$$

箱崎　ケーリーの論文では，$L, M, N, P\cdots$ は同じ次数の正方行列のようですね.

“the term matrix used without qualification is to be understood as meaning a square matrix” とか “when two or more matrices are spoken of in connexion with each other, it is always implied (unless the contrary is expressed) that the matrices are of the same order” とか，初めの方で，断ってあります．

六本松　同じ次数の正方行列に対していうのが，本当の意味の結合法則．

さっきのスカラー倍のときのように，演算をゲンミツに考えると．

香山　数の乗法での1に相当する行列は？

箱崎　単位行列ですが……，“Again, (X, Y, Z) will be identically equal to (x, y, z), if the matrix is

$$\begin{pmatrix} 1, & 0, & 0 \\ 0, & 1, & 0 \\ 0, & 0, & 1 \end{pmatrix}$$

and this is said to be the matrix unity.”

六本松　つまり，恒等写像を表す行列だ．

箱崎　一般化すると，「(i, j) 成分が δ_{ij}（クロネッカーの デルタ）である，(n, n) 型の行列 E_n，すなわち

$$E_n = \begin{pmatrix} 1 & 0 & \cdots\cdots & 0 \\ 0 & 1 & \cdots\cdots & 0 \\ \vdots & \vdots & \ddots & \vdots \\ 0 & 0 & \cdots\cdots & 1 \end{pmatrix}$$

を，n 次単位行列という」と定義する，教科書のになりますね．

六本松　ケーリーは，“The matrix unity may for the most part be represented simply by 1.” と書いてる．

箱崎　“A matrix is not altered by its composition, either as first or second component matrix, with the matrix unity.” と，単位行列の役割が，注意してあります．

一般化すると，「(m, n) 型の行列 A に対して，

$$E_m A = A, \quad AE_n = A$$

が成り立つ」という，教科書のになりますね．

六本松　とくに，n次の正方行列 A に対して，

$$E_n A = AE_n = A.$$

そして，数の掛け算では，交換法則が成り立つから，1の役割は，ドンナ数 a に対しても

$$1a = a1 = a$$

が成り立つ，ということだから，同じ次数の正方行列全体の集合で考えるのが，本当の意味での《単位》行列．

香山　数の乗法での逆数に相当する行列は？

箱崎　逆行列ですが……，ケーリーは正方行列の累乗から導入してます．

"We thus arrive at the notion of a positive and integer power L^p of a matrix L, and it is to be observed that the different powers of the same matrix are convertible. It is clear also that p and q being positive integer we have

$$L^p.L^q = L^{p+q},$$

which is the theorem of indices for positive integer powers of a matrix."

六本松　《convertible》というのは，同じ正方行列の違う累乗の積の計算では，交換法則が成り立つ，ということで，最後の式は，数の場合での指数法則の真似．

箱崎　"The last-mentioned equation,

$$L^p.L^q = L^{p+q},$$

assumed to be true for all values whatever of the indices p and q, leads to the notion of the powers of a matrix for any form whatever of the index.

In particular,

$$L^p.L^0=L^p \text{ or } L^0=1,$$

that is, the 0th power of a matrix is the matrix unity. And then putting $p=1$, $q=-1$, or $p=-1$, $q=1$, we have

$$L.L^{-1}=L^{-1}.L=1;$$

that is, L^{-1}, or as it may be termed the inverse or reciprocal matrix, is a matrix which, compounded either as first or second component matrix with the original matrix, gives the matrix unity."

六本松　そのスグあとに，"We may arrive at the notion of the inverse or reciprocal matrix, directly from the equation

$$(X, Y, Z)=\left(\begin{array}{|ccc|} a, & b, & c \\ a', & b', & c' \\ a'', & b'', & c'' \end{array}\right)(x, y, z),$$

in fact this equation gives

$$(x, y, z)=\left(\begin{array}{|ccc|} A, & A', & A'' \\ B, & B', & B'' \\ C, & C', & C'' \end{array}\right)(X, Y, Z)=\left(\left(\begin{array}{|ccc|} a, & b, & c \\ a', & b', & c' \\ a'', & b'', & c'' \end{array}\right)^{-1}\right)(X, Y, Z)".$$

と書いてるから，1次変換の逆変換としても，導入している．

箱崎　結局，「n 次正方行列 A に対して，

$$AA'=A'A=E_n$$

となる n 次正方行列 A' があるとき，A は正則であるといい，A' を A の逆行列という．

正則な A に対して，逆行列はただ一つしか存在しない．正則な A のただ一つの逆行列を A^{-1} と書く」と定義する，教科書のになりますね．

六本松　《ただ一つ》というのが，ミソ！

香山　一般な (m, n) 型の行列 B について，逆行列の概念がないのは？

六本松　数の掛け算では，交換法則が成り立つから，逆数の意味は――零でない数 a に対して

$$aa'=a'a=1$$

となる数a'がある——ということ.

これを(m, n)型の行列Bに拡げると……

箱崎　BB'も$B'B$も同じ単位行列になるようなB'が問題ですが，BにB'を掛けるので，B'の行の個数はn，そしてBB'は単位行列でないといけないので，B'の列の個数はmで，

$$BB'=E_m$$

でないと，いけませんね.

六本松　このとき，$B'B$はn次の正方行列だから，それがE_mになるには，$m=n$でないと，いけない.

結局，Bが正方行列のときしか，逆行列は考えられない.

行列の積（三）

香山　数の乗法では，逆数を持たないのは，零に限るのだが……

六本松　逆行列を持たないもの，つまり，正則でないのは，零行列だけでは，ない.

ケーリーも，3次の正方行列の逆行列を具体的に計算して，"the notion of the inverse or reciprocal matrix fails altogether when determinant vanishes" と，書いてる.

箱崎　「正方行列が正則なための必要十分条件は，その行列式が零ではないことである」ですね.

このことから，行列式を計算すると，正則かどうか判定できます.

香山　正則なための必要十分条件は，このほかにも，あるね.

六本松　Aを，実数を成分に持つ，n次の正方行列とすると，次の三つの命題は同値：

(1)　Aは正則である.

(2)　$AB=E_n$ となる，実数を成分に持つ，n 次の正方行列 B がある．

(3)　$CA=E_n$ となる，実数を成分に持つ，n 次の正方行列 C がある．

箱崎　正則のモトモトの定義では，

$$AB=BA=E_n$$

となる，実数を成分に持つ，n 次の正方行列 B があること，だったのに，この二つの条件の片方だけでイイ，という意味ですね．

それから，A が，複素数を成分に持つ，n 次の正方行列のときは，《実数》を《複素数》で置き換えると，同じことが成り立ちます．

香山　写像の立場では？

六本松　A で表される，$\boldsymbol{R}^n$ の1次変換を f と書くと，次の三つの命題は同値：

(1)　A は正則である．

(4)　f は $\boldsymbol{R}^n$ から $\boldsymbol{R}^n$ の上への写像である．

(5)　f は $\boldsymbol{R}^n$ から $\boldsymbol{R}^n$ への一対一の写像である．

箱崎　(4) は (2) の性質を，(5) は (3) の性質を，それぞれ，写像の立場から，いい直したものです．

それから，A が，複素数を成分に持つ，n 次の正方行列のときは，《$\boldsymbol{R}^n$》を《$\boldsymbol{C}^n$》で置き換えると，同じことが成り立ちます．

香山　$\boldsymbol{R}^n$ とは？

六本松　n 個の実数の組全体の集合．つまり，

$$\boldsymbol{R}^n=\{(x_1, x_2, \cdots, x_n) \mid x_1, x_2, \cdots, x_n \in \boldsymbol{R}\}.$$

香山　この《n 次元空間》の概念も，ケーリーに負っている．

Chapters in the analytical geometry of (n) dimensions

という論文で導入する．

1843年のことだ．

この論文では，n 個の未知数についての，連立1次方程式を考察している．

箱崎　二つの未知数についての連立1次方程式を解くのは，幾何学的に解釈す

ると，いくつかの直線の交点を求めることですから，その解は平面上の点で表され，平面上の点は座標，つまり，二つの実数の組で書けます.

三つの未知数についての連立1次方程式を解くのは，いくつかの平面の交点を求めることですから，その解は空間の点で表され，空間の点は座標，つまり，三つの実数の組で書けますね.

未知数の個数が四つ以上になると，こんな風に幾何学的には解釈できませんけど，解の書き方は真似できて，実数の組で表した，わけですね. ——分かる気が，します.

香山　当時の人は，箱崎君ほど，もの分かりは良くはない. ケーリーは，折りにふれて，解説している.

これは，その一つだ……

六本松　標題は

A memoir on abstract geometry

で，1870年に発表.

箱崎　"I submit to the Society the present exposition of some of the elementary principles of an Abstract m-dimensional Geometry. The science presents itself in two ways, —— as a legitimate extension of the ordinary two- and three-dimensional geometries; and as a need in these geometries and in analysis generally."

六本松　"In fact whenever we are concerned with quantities connected together in any manner, and which are, or are considered as variable or determinable, then the nature of the relation between the quantities is frequently rendered more intelligible by regarding them (if only two or three in number) as the coordinates of a point in a plane or in space: for more than three quantities there is, from the greater complexity of the case, the greater need of such a representation; but this can only be obtained by means of the notion of a space of the proper dimensionality; and to use such representation, we require the geometry of such space."

結局，n 次元空間の概念は，二つの面から，必要になる：一つは箱崎君が注意したもの，もう一つは多変数の関数の解析．

香山　さて，逆行列の計算法は？

六本松　これも，二つある．

行列式を使うのと，行列の変形を利用するのと．——連立1次方程式を解くのに，クラメルの公式を使うか，ガウスの消去法を利用するかの，違い．

香山　行列式による計算法は？

箱崎　A が n 次の正則行列のとき，A の逆行列 A^{-1} は

$$A^{-1}=\frac{1}{|A|}\begin{pmatrix} \varDelta_{11} & \varDelta_{21} & \cdots & \varDelta_{n1} \\ \varDelta_{12} & \varDelta_{22} & \cdots & \varDelta_{n2} \\ \vdots & \vdots & & \vdots \\ \varDelta_{1n} & \varDelta_{2n} & \cdots & \varDelta_{nn} \end{pmatrix}$$

と，求まります．

ケーリーも，この方法で計算してますね．

香山　$\varDelta_{ij}$ は？

箱崎　A の $(i,\ j)$ 余因子です．

つまり，A の第 i 行と第 j 列とを取った残りの排列そのままから作られる，$n-1$ 次の正方行列 A_{ij} の行列式に，$(-1)^{i+j}$ を掛けた数です：

$$\varDelta_{ij}=(-1)^{i+j}\,|A_{ij}|.$$

六本松　A^{-1} の $(i,\ j)$ 成分は，$\varDelta_{ji}$ を $|A|$ で割ったもので，$\varDelta_{ij}$ を $|A|$ で割ったのでは，ない．

香山　$\varDelta$ の添数は ij でなく，ji と順序が逆になる．これが，ウッカリし易い．

六本松　この方法は，n が大きくなると，イヤラシイ．

箱崎　n^2+1 個の行列式を計算しないと，いけませんからね．

香山　行列の変形による計算法は？

六本松 A が n 次の正則行列のとき，A と単位行列 E_n を並べて，$(n, 2n)$ 型の行列 C を作る：

$$C=(A \vdots E_n).$$

三種類の基本変形

①C の二つの行を入れ換える，

②C の一つの行の各成分に零でない同じ数を掛ける，

③C の一つの行の各成分に同じ数を掛けて，外の行の対応する成分に加える，

をウマク使って，C を

$$C \longrightarrow (E_n \vdots B)$$

と変形する．つまり，A を E_n に変形する．

このとき，B が，A の逆行列．

箱崎 A が正則かどうか分からないときでも，C がイマのように変形できると，A は正則で B が A の逆行列です．C がイマのように変形できないと，A は正則ではありません．

それから，C を作るとき，A と E_n の境目に破線を引きますが，これは書いてもいいし，書かなくていいんですね．

六本松 左側が A で，右側が E_n という目安だけ．

箱崎 初めて習ったときは，行列の中に破線を書いたりしていいのか——て，ヘンな感じでした．

六本松 いくつかの n 次の正方行列 $A_1, A_2, \cdots, A_r$ が正則なら，その積 $A_1A_2\cdots A_r$ も正則で，その逆行列は $A_r{}^{-1}A_{r-1}{}^{-1}\cdots A_2{}^{-1}A_1{}^{-1}$ と，積の順序がハンタイで，これもヘンな感じだった．

しかし，よく考えると，これが正常．数の場合は，交換法則が成り立つから，表面に出なかったダケ．

香山 交換法則もソウだが，数の乗法と異なる，もう一つの性質は？

箱崎 零行列ではない二つの行列の積が，零行列になること，が起こります．

二つの数の積が零なら少なくとも一つの因数は零，という数の乗法の性質は，行列の場合は，成立しません．

香山　たとえば？

六本松　たとえば――

$$A=\begin{pmatrix}-2 & 3\\ 6 & -9\end{pmatrix},\qquad B=\begin{pmatrix}3 & 9\\ 2 & 6\end{pmatrix}$$

のとき，A も B も零行列ではないのに，

$$AB=O.$$

香山　この性質を持つ行列には，すなわち，$A\neq O$ で，$AB=O$ または $BA=O$ となる行列 $B\neq O$ が存在するとき，A には零因子という名前が付いている．

箱崎　この性質は，ケーリーも注意してますね．

"The product of two matrices may be zero, without either of the factors being zero, if only the matrices are one or both of them indeterminate."

《indeterminate》と，いうのは，その行列式が零になる行列のことです．

香山　ケーリーが注意していない，行列の積の性質は？

六本松　分配法則，つまり，

$$A(B+C)=AB+AC,$$

と

$$(B+C)A=BA+CA.$$

和と積ができる，という制限つきだけど．

香山　これは，1865年の，ケーリーの論文だが……

箱崎　標題は，

A supplementary memoir on the theory of matrices

ですね．

香山　ここに，"It is not in the Memoir on Matrices explicitly remarked, but it is easy to see that sums of matrices, all the matrices being of the same order, may be multiplied together by the ordinary rule ; thus

$$(A+B)(C+D)=AC+AD+BC+BD:$$

this remark will be useful in the sequel."と，あるだろう．

ケーリーの名誉のために，付け加えておく．

行列の階数（一）

香山　小倉山峯立ち鳴らしなく鹿の

　　　　へにけむ秋を知る人ぞなき

箱崎　紀貫之ですね．先生は，見かけによらず，風流なんですね．

香山　これを，五七調に分けて書くと——

　　をぐら山

　　みね立ち鳴らし

　　なく鹿の

　　へにけむ秋を

　　しる人ぞなき

——で，各句の頭をつづると……

箱崎　を-み-な-へ-し……

香山　つまり，「をみなへし（女郎花）」だな．

平安初期には，花や鳥の名を折りこむ遊びが流行したものだ，そうだ．

六本松　今でも，店の名前を折り込んだ広告文の和歌や，自分の名前を折り込んだ選挙用の和歌が，ある．

香山　各句の頭に折り込むのを「冠（かむり）」，末尾に折り込むのを「沓（くつ）」という．

両方に折り込むのを「沓冠（くつかむり）」という．

　　よもすずし

　　ねざめのかりほ

　　たまくらも

　　まそでも秋に

　　へだてなきかぜ

——は，沓冠だが……

箱崎　冠は「よねたまへ」ですね．

香山　沓を，下から上へ，つづると……

箱崎　「ぜにもほし」

香山　つまり，「米たまへ，銭も欲し」だな．

六本松　お袋への手紙に，応用しよう．

香山　兼好法師が，友人の頓阿法師へ送った歌だ．

これに対する，頓阿法師の返歌は——

　　よるもうし

　　ねたく我せこ

　　はては来ず

　　なほざりにだに

　　しばし問ひませ

六本松　「米はなし，銭すこし」か，マイッタ．

香山　篠原氏の『いろは歌の謎』にある．

箱崎　先生の風流は，《謎》の方に，ウエイトがあったんですね．

香山　ホントウの詩人で，『詩の法則』というベスト・セラーをものした，数学者がいる．

六本松　ケーリー？

香山　シルヴェスターだ．1870年のことだ．

箱崎　明治3年ですね．

和泉要助が人力車を発明した，年ですね．

香山 日本最初の日刊紙，横浜毎日新聞が創刊された，年でもある．

箱崎 その時，シルヴェスターは，幾つですか？

香山 1814年9月3日，ロンドンに生まれる．

六本松 56歳か．

ハイネが《一様連続性》の概念を確立したのが1870年で，1872年にはデデキントの『連続性と無理数』が発表され，1874年には《実数全体の集合は可算ではない》ことをカントルが証明している時代というのに，ノンビリしたものだ．

香山 シルヴェスターは，《我が道を行く》人だ．

テン・転と，職をかえている．

箱崎 と，いいますと？

香山 最初は，ロンドンのユニバーシティ・コリッジで自然哲学の先生となる．

大学卒業の1838年，24歳の時だ．

箱崎 自然哲学，というのは何ですか？

香山 科学一般，とくに，物理学だったようだ．

ここで，昔の先生ドモルガンと同僚となる．

六本松 ドモルガンの法則の，ドモルガン！

香山 ここは，2年間でやめる．

1841年，アメリカはヴァージニア大学の数学教授となる．

六本松 太西洋オウダン！

香山 この大学には，3ヶ月いただけで，イギリスへ帰る．

生命保険会社の統計士として，ロンドンで精力的に働く．

箱崎 統計士は，何ヶ月ですか？

香山 10年間だ．

この間，数学の個人教授もしているが，その生徒の中，にフローレンス・ナイチンゲールの名が，ある．

六本松 歴史のイタズラ！

箱崎　統計士の，あとは？

香山　弁護士となる．

六本松　《シ》と縁が深い．

香山　この時，同業の，つまり，弁護士のケーリーと知り合う．

ケーリー29歳，シルヴェスター36歳の，1850年のことだ．

箱崎　行列の概念を導入した，シルヴェスターの論文が発表された年ですね．

香山　弁護士は数年で廃業，1855年，ウーリッジの陸軍士官学校に奉職する．

ここが一番ながい．16年間も勤める．

六本松　奇跡テキ！

香山　1870年，停年を過ぎたかどで，退職する．

箱崎　そして，『詩の法則』でも書いて，優雅な隠居ぐらし，というわけですね．

香山　それも永くは続かない．

1876年，62歳で，数学の教授に返り咲く．アメリカはジョンズ・ホプキンス大学へ招かれる．

六本松　太西洋をマタにかける！

香山　この間，*American Journal of Mathematics* という有名な雑誌があるが，その初代の編集委員となっている．

1883年にホプキンス大学をやめ，イギリスはオクスフォード大学の教授となる．

六本松　Uターン現象のハシリ！

香山　10年後の1893年に退職してからも，チェスと詩と数学とを楽しんで暮らす．

1897年3月15日，ケーリーの死後2年して，この世を去る．

箱崎　ケーリーの生涯も変わってますが，シルヴェスターのは，もっと変わってますね．

六本松　こんなに職をかえて，数学の研究が，よくできるもんだナー．

箱崎 行列の階数の概念も，シルヴェスターでしたね．

六本松 ソウでない，という説もあるそうだけど……

香山 《階数》というのは，ドイツ語の《Rang》の訳だ．

箱崎 そうすると，Rang という言葉を使った人が，もう一人の発明家ですね．その人の名は？

香山 その人の名は，フロベニウス．

これは，フロベニウスの1879年の論文

Theorie der linearen Formen mit ganzen Coefficienten

のコピーだが，ここで，初めて使用される．

六本松 "Gegeben sei ein endliches System A von Grössen $a_{\alpha\beta}$ ($\alpha=1, \cdots, m$；$\beta=1, \cdots, n$), die nach Zeilen und Colonnen geordnet sind. Wenn in demselben alle Determinanten $(l+1)$ten Grades verschwinden, die $l$ten Grades aber nicht sämmtlich Null sind, so heisst l der *Rang* des Systems."

箱崎 《System A》というのは，$a_{\alpha\beta}$ を成分に持つ，(m, n) 型の行列のことですね．

六本松 ケーリーが《Matrix》といってから20年以上も経ってるのに，《System》というのは……

香山 用語の普及とは，そういったものだ．

日本語でも，少し古い本では，《方列》と訳している．《行列》というのは，高木貞治氏によるものだ．

フロベニウスは，この論文で，整係数の連立1次方程式

$$\begin{cases} a_{11}x_1+a_{12}x_2+\cdots+a_{1n}x_n=b_1, \\ a_{21}x_1+a_{22}x_2+\cdots+a_{2n}x_n=b_2, \\ \quad\cdots\cdots \quad\quad \cdots\cdots \quad\quad \cdots\cdots \\ a_{m1}x_1+a_{m2}x_2+\cdots+a_{mn}x_n=b_m \end{cases}$$

が，整数解を持つための必要十分条件や，連立1次合同方程式

$$\begin{cases} a_{11}x_1+a_{12}x_2+\cdots+a_{1n}x_n=b_1 \pmod{M_1}, \\ a_{21}x_1+a_{22}x_2+\cdots+a_{2n}x_n=b_2 \pmod{M_2}, \\ \quad\cdots\cdots \qquad \cdots\cdots \qquad \cdots\cdots \\ a_{m1}x_1+a_{m2}x_2+\cdots+a_{mn}x_n=b_m \pmod{M_m} \end{cases}$$

が，解を持つための必要十分条件などを考察している．

箱崎　a のナントカとか，b のナントカ，M のナントカは，整数なんですね．

六本松　連立１次方程式を解くから，階数の概念が，自然に，必要になる．

行列の階数（二）

香山　階数は，連立１次方程式の解法で重要だが，その外にも……

六本松　いろんな意味がある．

箱崎　教科書では，六つ出てきます．

六本松　実数を成分に持つ，$(m,\ n)$ 型の 行列をA とする．

A の階数を r とすると，r は

(1)　基本変形を使って，A を標準形に直したとき，標準形の対角線上に現れる，１の個数．

(2)　A の n 個の列ベクトルの中で，１次独立なものの最大個数．

(3)　A で表される，$\boldsymbol{R}^n$ から $\boldsymbol{R}^m$ への線形写像の，像の次元．

(4)　A の m 個の行ベクトルの中で，１次独立なものの最大個数．

(5)　${}^tA$ で表される，$\boldsymbol{R}^m$ から $\boldsymbol{R}^n$ への線形写像の，像の次元．

(6)　A の小行列式の中で，零にならないものの最大次数．

箱崎　A が，複素数を成分に持つ，$(m,\ n)$ 型の行列のときは，《$\boldsymbol{R}$》を《$\boldsymbol{C}$》で置き換えると，同じことが成り立ちます．

香山　階数の具体的な計算では……

六本松　(1) か (6) かだけど，(1) の方が簡単．

箱崎　(6) は，フロベニウスの定義そのものですが，シルヴェスターの Homaloidal law を利用しても，たくさんの行列式を計算することになって，面倒

ですね．

基本変形を使うのが，便利です．

香山　基本変形とは？

六本松　行列の基本変形とは

①二つの行を入れ換える，

②一つの行の各成分に，零でない，同じ数を掛ける，

③一つの行の各成分に同じ数を掛けて，外の行の対応する成分に加える，

④二つの列を入れ換える，

⑤一つの列の各成分に，零でない，同じ数を掛ける，

⑥一つの列の各成分に同じ数を掛けて，外の列の対応する成分に加える，

の六通りの操作．

箱崎　初めの三種類の基本変形は，さっき，逆行列の計算のとき，説明しましたね．

香山　線形写像の立場から，眺めると？

六本松　Aを，実数を成分に持つ，$(m,\ n)$型の行列とする．Aで表される，$\boldsymbol{R}^n$から$\boldsymbol{R}^m$への，線形写像をfとする．

$\boldsymbol{R}^n$の自然基底

$$e_1, e_2, \cdots, e_n$$

と，$\boldsymbol{R}^m$の自然基底

$$e_1', e_2', \cdots, e_m'$$

に関する，fの表現行列がAで……

香山　e_iとか，e_j'は？

箱崎　e_iは，i番目の成分が1で，その外の成分は零という，$\boldsymbol{R}^n$の元です．e_j'も同じ，です．

六本松　チャチャが入ったけど——$\boldsymbol{R}^n$の自然基底の，i番目のe_iとj番目のe_jとを入れ換えて，新しい基底を作る．

この，$\boldsymbol{R}^n$の新しい基底と，$\boldsymbol{R}^m$の自然基底に関する，fの表現行列は，Aの

i 列と j 列を入れ換えたもの．

　つまり，基本変形④．

箱崎　$\boldsymbol{c}$ が，零ではない，実数のとき，e_i だけを $\boldsymbol{c}$ 倍した

$$e_1, e_2, \cdots, ce_i, \cdots, e_n$$

は，$\boldsymbol{R}^n$ の基底ですが，この基底と $\boldsymbol{R}^m$ の自然基底に関する，f の表現行列は，A の i 列を $\boldsymbol{c}$ 倍したものです．

　これが，基本変形⑤です．

六本松　$\boldsymbol{c}$ が零だと，

$$e_1, e_2, \cdots, ce_i, \cdots, e_n$$

は，$\boldsymbol{R}^n$ の基底にならないから，基本変形⑤で，掛ける数が零だと，いけない．

箱崎　d が，零でも零でなくても，とにかく実数で，i と j とが違うとき，e_i だけを e_i+de_j で置き換えた

$$e_1, e_2, \cdots, e_i+de_j, \cdots, e_n$$

は，$\boldsymbol{R}^n$ の基底ですが，この基底と $\boldsymbol{R}^m$ の自然基底に関する，f の表現行列は，A の j 列を d 倍して i 列に加えたものです．

　これが，基本変形⑥です．

香山　行についての基本変形は？

六本松　$\boldsymbol{R}^m$ の基底を替えるんだけど，少し違うところがある．

箱崎　基本変形①は，同じですね．

　$\boldsymbol{R}^n$ の自然基底と——$\boldsymbol{R}^m$ の自然基底で，e_i' と e_j' とを入れ換えた——$\boldsymbol{R}^m$ の基底に関する，f の表現行列は，A の i 行と j 行とを入れ換えたものになります．

六本松　基本変形②が，少し違う．

　$\boldsymbol{c}$ を，零でない，実数とする．e_i' だけを $\boldsymbol{c}$ で割った

$$e_1', e_2', \cdots, \frac{1}{c}e_i', \cdots, e_m'$$

は，$\boldsymbol{R}^m$ の基底．

$\boldsymbol{R}^n$ の自然基底と，この新しい $\boldsymbol{R}^m$ の基底に関する，f の表現行列は，A の i 行を c 倍したもの．

箱崎　d が実数で，i と j とが違うとき，e_i' だけを，$e_i'-de_j'$ で置き換えた

$$e_1', e_2', \cdots, e_i'-de_j', \cdots, e_m'$$

は，$\boldsymbol{R}^m$ の基底です．

$\boldsymbol{R}^n$ の自然基底と，この新しい $\boldsymbol{R}^m$ の基底に関する，f の表現行列は，A の i 行を d 倍して j 行に加えたものになります．

つまり，基本変形③です．

六本松　結局，基本変形は，基底の取り替えの一種．

香山　基底の取り替えは，行列の積で表現されるね．

箱崎　はい．$\boldsymbol{R}^n$ や $\boldsymbol{R}^m$ の基底を取り替えたとき，f の表現行列は，A に左右から適当な正則行列を掛けたものになります．

香山　と，すると？

箱崎　基本変形は，行列の積で表されます．

六本松　m 次の単位行列 E_m で i 行と j 行とを入れた行列を，A の左から掛けると，A の i 行と j 行とが入れ換わる．

箱崎　E_m で i 行を c 倍した行列を，A の左から掛けると，A の i 行が c 倍になります．

六本松　E_m で j 行を d 倍して i 行に加えた行列を，A の左から掛けると，A の j 行を d 倍して i 行に加えたものになる．

箱崎　列についての基本変形は——n 次の単位行列 E_n で基本変形④⑤⑥をした行列を，それぞれ，A の右から掛けると，A で，それぞれ，基本変形④⑤⑥をした行列になります．

香山　《基本変形》という用語は，クロネッカーの論文

Reduction der Systeme von n^2 ganzzahligen Elementen

で，初めて使用される．1891年のことだ．

これは，そのコピーだ．

六本松　“Jedes System von n^2 ganzzahligen, in n Horizontalreihen und n Verticalreihen geordneten Elementen lässt sich durch „elementare Transformationen“, d. h. Vertauschung von Horizontal- oder Vertical-Reihen mit gleichzeitiger Zeichenänderung der einen Reihe und Additon einer Horizontal- oder Vertical-Reihe zu einer anderen, auf ein solches reduciren, in welchem jedes Element ausserhalb der Diagonale gleich Null und jedes von Null verschiedene Diagonalelement positiv und Divisor des folgenden ist.”

箱崎　整数を成分に持つ n 次の正方行列を，整数の範囲で基本変形して，標準形に直してるんですね．

香山　階数の計算と連立１次方程式の解法とでは，基本変形の使い方に差異があるね．

六本松　階数の計算では，六つの基本変形は自由に使えるけど，連立１次方程式の計算では制限がある．

香山　くわしく，は？

箱崎　n 個の未知数 $x_1, x_2, \cdots, x_n$ についての，m 個の連立１次方程式

$$\begin{cases} a_{11}x_1+a_{12}x_2+\cdots+a_{1n}x_n=b_1, \\ a_{21}x_1+a_{22}x_2+\cdots+a_{2n}x_n=b_2, \\ \quad\cdots\cdots \quad \cdots\cdots \quad \cdots\cdots \\ a_{m1}x_1+a_{m2}x_2+\cdots+a_{mn}x_n=b_m \end{cases}$$

を考えます．

a_{ij} や b_k は実数で，この方程式の実数解を求めることにします．

六本松　それには，係数と定数項をソノママ並べて，$(m, n+1)$ 型の行列

$$C=\begin{pmatrix} a_{11} & a_{12} & \cdots & a_{1n} & b_1 \\ a_{21} & a_{22} & \cdots & a_{2n} & b_2 \\ \vdots & \vdots & & \vdots & \vdots \\ a_{m1} & a_{m2} & \cdots & a_{mn} & b_m \end{pmatrix}$$

を作る.

この行列を

$$
\begin{pmatrix}
1 & 0 & \cdots & 0 & a_{1r+1}' & \cdots & a_{1n}' & b_1' \\
0 & 1 & \cdots & 0 & a_{2r+1}' & \cdots & a_{2n}' & b_2' \\
\vdots & \vdots & \ddots & \vdots & \vdots & & \vdots & \vdots \\
0 & 0 & \cdots & 1 & a_{rr+1}' & \cdots & a_{rn}' & b_r' \\
0 & 0 & \cdots & 0 & 0 & \cdots & 0 & b_{r+1}' \\
\vdots & \vdots & & \vdots & \vdots & & \vdots & \vdots \\
0 & 0 & \cdots & 0 & 0 & \cdots & 0 & b_m'
\end{pmatrix}
$$

という形にする.

箱崎　そのとき，行についての基本変形①②③と——Cの最後の列を除いて——列についての基本変形④とダケを，使います.

六本松　方程式の変形で解釈すると，基本変形①は，方程式を並べ換えること.

箱崎　基本変形②は，一つの方程式の両辺に，零でない数を掛けること，ですし……

六本松　基本変形③は，一つの方程式を何倍かして，外の方程式に加えること.

箱崎　Cの最後の列を除いた列で，基本変形④をするのは，未知数の順番を換えること，ですから，この四つの変形で，与えられた連立1次方程式は，それと同値な連立1次方程式に変形されます.

六本松　この四種類の基本変形以外では，同値な連立1次方程式にはならない.

香山　この使い方を誤り易い．要注意だな.

階数と連立1次方程式との，関係は？

箱崎　さっきの連立1次方程式が解を持つための必要十分条件は，係数行列$A=(a_{ij})$とCとの階数が一致すること，です.

六本松　ただ一組の解を持つための必要十分条件は，AとCとの階数が未知数の個数nと一致すること.

香山　階数の意味(5)での，${}^tA$ とは？

箱崎　A の転置行列です．

A の $(i,\ j)$ 成分を $(j,\ i)$ 成分に持つ，$(n,\ m)$ 型の行列です．

六本松　つまり，A の行と列とを入れ換えた，行列．

箱崎　(1)から，A と ${}^tA$ との階数は同じこと，が分かりますから，(4)，(5)は(2)，(3)をいいかえたもの，です．

香山　階数と正則行列との，関係は？

六本松　正方行列が正則であるための必要十分条件は，その階数と次数とが一致すること．

ケーリー=ハミルトンの定理

香山　転置行列は，ケーリーの，1858年の論文にある．

箱崎　あります，あります．

六本松　《${}^tA$》でなく，《tr.A》と書いてる．

箱崎　"Two matrices such as

$$\begin{matrix}(a, & b), \\ |c, & d|\end{matrix} \qquad \begin{matrix}(a, & c) \\ |b, & d|\end{matrix}$$

are said to be formed one from the other by transposition, and this may be denoted by the symbol tr.; thus we may write

$$\begin{matrix}(a, & c) \\ |b, & d|\end{matrix} = \mathrm{tr.}\begin{matrix}(a, & b). \\ |c, & d|\end{matrix}$$

The effect of two successive transpositions is of course to reproduce the original matrix."

六本松　転置行列の性質も，注意してる．

"It is easy to see that if M be any matrix, then

$$(\mathrm{tr.}\,M)^p = \mathrm{tr.}\,(M^p),$$

and in particular,

$$(\mathrm{tr}.\, M)^{-1} = \mathrm{tr}.\,(M^{-1})\,."$$

箱崎　"If L, M be any two matrices,

$$\mathrm{tr}.\,(LM) = \mathrm{tr}.\,M.\ \mathrm{tr}.\,L,$$

and similarly for three or more matrices, L, M, N, &c.,

$$\mathrm{tr}.\,(LMN) = \mathrm{tr}.\,N.\ \mathrm{tr}.\,M.\ \mathrm{tr}.\,L,\ \&c."$$

六本松　行列の転置から，対称行列と交代行列を導入してる．

"A matrix such as

$$\begin{array}{|ccc|} a, & h, & g \\ h, & b, & f \\ g, & f, & c \end{array}$$

which is not altered by transposion, is said to be symmetrical."

箱崎　"A matrix such as

$$\begin{array}{|ccc|} 0, & \nu, & -\mu \\ -\nu, & 0, & \lambda \\ \mu, & -\lambda, & 0 \end{array}$$

which by transposition is changed into its opposite, is said to be skew symmetrical."

それから，"It is easy to see that any matrix whatever may be expressed as the sum of a symmetrical matrix, and a skew symmetrical matrix." と，注意してありますね．

六本松　なんでも，ある．

香山　なんでもあるが，そろそろ，この論文の核心にふれよう．――ここだ．

箱崎　"The general theorem before referred to will be best understood by a complete development of a particular case. Imagine a matrix

$$M = \begin{array}{|cc|} a, & b \\ c, & d \end{array},$$

and form the determinant

$$\begin{vmatrix} a-M, & b \\ c & , d-M \end{vmatrix},$$

the developed expression of this determinant is

$$M^2-(a+d)M^1+(ad-bc)M^0\,;$$

the values of M^2, M^1, M^0 are

$$\begin{pmatrix} a^2+bc, & b(a+d) \\ c(a+d), & d^2+bc \end{pmatrix}, \quad \begin{pmatrix} a, & b \\ c, & d \end{pmatrix}, \quad \begin{pmatrix} 1, & 0 \\ 0, & 1 \end{pmatrix},$$

and substituting these values the determinant becomes equal to the matrix zero, viz. we have

$$\begin{vmatrix} a-M, & b \\ c & , d-M \end{vmatrix}$$

$$=\begin{pmatrix} a^2+bc, & b(a+d) \\ c(a+d), & d^2+bc \end{pmatrix}-(a+d)\begin{pmatrix} a, & b \\ c, & d \end{pmatrix}+(ad-bc)\begin{pmatrix} 1, & 0 \\ 0, & 1 \end{pmatrix}$$

$$=\begin{pmatrix} (a^2+bc)-(a+d)a+(ad-bc), & b(a+d)-(a+d)b \\ c(a+d)-(a+d)c & , d^2+bc-(a+d)d+ad-bc \end{pmatrix}$$

$$=\begin{pmatrix} 0, & 0 \\ 0, & 0 \end{pmatrix};$$

that is

$$\begin{vmatrix} a-M, & b \\ c & , d-M \end{vmatrix}=0,$$

where the matrix of the determinant is

$$\begin{pmatrix} a, & b \\ c, & d \end{pmatrix}-M\begin{pmatrix} 1, & 0 \\ 0, & 1 \end{pmatrix}$$

that is, it is the original matrix, diminished by the same matrix considered as a single quantity involving the matrix unity."

六本松 "And this is the general theorem, viz. the determinant, having for its matrix a given matrix less the same matrix considered as a single quantity involving the matrix unity, is equal to zero."

箱崎　つまり——n 次の正方行列 M に対して，λ の整式

$$\Phi_M(\lambda)=\det(M-\lambda E_n)$$

の λ に M を代入した行列は零行列である：

$$\Phi_M(M)=O.$$

——ですから……

六本松　ケーリー＝ハミルトンの定理！

香山　この定理の発見は，よほど嬉しかったもの，とみえる．

"I obtain the remarkable theorem that any matrix whatever satisfies an algebraical equation of its own order, the coefficient of the highest power being unity, and those of the other powers functions of the terms of the matrix, the last coefficient being in fact the determinant." と，序文に書いている，だろう．

六本松　《remarkable》theorem！

箱崎　どうして，この定理に気がついたんでしょう？

香山　22ページの論文中，12ページが，この定理とその応用に費やされている．

応用面から，憶測されよう．

六本松　さっきの序文のつづきに，"One of the applications of the theorem is the finding of the general expression of the matrices which are convertible with a given matrix."

箱崎　くわしいことは，本文にありますね．

"Two matrices L, M are convertible when $LM=ML$. If the matrix M is given, this equality affords a set of linear equations between the coefficients of L equal in number to these coefficients, but these equations cannot be all independent, for it is clear that if L be any rational and integral function of M (the coefficients being single quantities), then L will be convertible with M ; or what is apparently (but only apparently) more general, if L be any algebraical function whatever of M (the coefficients being always single quantities), then L will be convertible with M."

六本松 "But whatever the form of the function is, it may be reduced to a rational and integral function of an order equal to that of M, less unity, and we have thus the general expression for the matrices convertible with a given matrix, viz. any such matrix is a rational and integral function (the coefficients being single quantities) of the given matrix, the order being that of the given matrix, less unity."

箱崎 "In particular, the general form of the matrix L convertible with a given matrix M of the order 2, is $L=\alpha M+\beta$, or what is the same thing, the matrices

$$\begin{matrix}(a, & b) \\ |c, & d|\end{matrix}, \quad \begin{matrix}(a', & b') \\ |c', & d'|\end{matrix}$$

will be convertible if $a'-d':b':c'=a-d:b:c$."

六本松 それから，$LM=-ML$ のとき，L, M は《skew convertible》といって，M が与えられたとき，それと skew convertible なのを求めるのに，応用してる．

箱崎 2次の場合だと，"two matrices

$$\begin{matrix}(a, & b) \\ |c, & d|\end{matrix} \quad \begin{matrix}(a', & b') \\ |c', & d'|\end{matrix}$$

will be skew convertible if

$$a+d=0,\ a'+d'=0,\ aa'+bc'+b'c+dd'=0",$$

ですね．

六本松 《periodic matrix》というのにも，応用してる．

"The equation satisfied by the matrix may be of the form $M^n=1$;

the matrix is in this case said to be periodic of the nth order. The preceding considerations apply to the theory of periodic matrices ; thus, for instance, suppose it is required to find a matrix of the order 2, which is periodic of the second order. Writing

$$M = \begin{pmatrix} a, & b \\ c, & d \end{pmatrix},$$

we have

$$M^2-(a+d)M+ad-bc=0,$$

and the assumed equation is

$$M^2-1=0.$$

These equations will be identical if

$$a+d=0,\ \ ad-bc=-1,$$

that is, these conditions being satisfied, the equation $M^2-1=0$ required to be satisfied, will be identical with the equation which is always satisfied, and will therefore itself be satisfied."

箱崎 この外にも，いろいろと応用してますね．

六本松 この論文にはないが，教科書では，固有値問題で応用してる．

香山 ケーリーも，別の論文で，固有値問題に使用する．応用の広い結果こそが，真の大定理だ．

この定理の本質は，"we see that any matrix whatever satisfies an algebraical equation of its own order, which is in many cases the material part of the theorem" と，ケーリーがいっている通りだ．

箱崎 この定理はケーリーが発見したのに，ケーリー=ハミルトンの定理と，どうしてハミルトンという人の名前が付くのですか？

香山 特別な，3次の正方行列の場合に相当する結果を，ハミルトンが考察していた，からだ．4元数を使った，3次元空間での固有値問題でだ．

その結果は，1858年の時点では，ケーリーは知らない．

箱崎　4元数て，何ですか？

4 元 数

香山　君達は，外国語は幾つ学習している？

箱崎　僕は，英語とドイツ語です．

六本松　英語，ドイツ語，フランス語．

香山　13歳のときに，13の外国語をマスターした，数学者がいる．

箱崎　へェー，誰ですか？

香山　ハミルトンだ．

ギリシャ語，ラテン語，ヘブライ語，シリア語，ペルシャ語，アラブ語，サンスクリット語，ヒンズー語，マライ語，フランス語，イタリア語，スペイン語，ドイツ語——だ．

六本松　1歳に一つ，の割合！

香山　このハミルトンが，4元数を発見する．

発見の動機は，複素数にある．——代数方程式の解法と関連して16世紀に複素数の計算は始まるが，数学的実体として認知されるには約三世紀が必要となる．

箱崎　19世紀の，ガウス平面からですね．

香山　複素数の幾何学的表示というアイデアは，ガウス一人のものではない．18世紀末から，少なくとも六人の数学者にある．

複素数を数学的実体として把握する，もう一つの方法は，ハミルトンによる．二つの実数の組，と捉えるものだ．

箱崎　複素数をガウス平面上の点で表すとき，その点には，原点を始点にしてソノ点を終点にする位置ベクトルが対応させられますが，このベクトルを成分表示するのと同じことですね．

香山　1837に出版した，

Theory of Conjugate Function, or Algebraic Couples ; with a Preliminary and Elementary Essay on Algebra as the Science of Pure Time

というエッセイに，ある．

六本松 ナガたらしい題だ．

香山 この本は，クロウイという人の

A History of Vector Analysis

だが，これから孫引きすると——ここだ．

箱崎 "In the THEORY OF SINGLE NUMBERS, the symbol $\sqrt{-1}$ is *absurd,* and denotes an IMPOSSIBLE EXTRACTION, or a merely IMAGINARY NUMBER ; but in the THEORY OF COUPLES, the same symbol $\sqrt{-1}$ is *significant,* and denotes a POSSIBLE EXTRACTION, or a REAL COUPLE, namely (as we have just now seen) the *principal square-root of the couple* $(-1, 0)$. In the latter theory, therefore, though not in the former, this sign $\sqrt{-1}$ may properly be employed ; and we may write, if we choose, for any couple (a_1, a_2) whatever, $(a_1, a_2)=a_1+a_2\sqrt{-1}$ …… ."

香山 二つの実数の組 (a, b)，(c, d) は，$a=c$ かつ $b=d$ のとき，同じものと考える：

$$(a, b)=(c, d).$$

加法と乗法とは，

$$(a, b)+(c, d)=(a+c,\ b+d),$$

$$(a, b)\times(c, d)=(ac-bd,\ ad+bc),$$

と，実数との乗法は

$$d\times(a, b)=(da, db),$$

と定義するのが，ハミルトンのアイデアだ．

箱崎 掛け算の外は，線形空間 $\boldsymbol{R}^2$ と同じですね．

香山　その基底は……

六本松　(1,0) と (0,1) で,

$$(a,b)=a(1,0)+b(0,1)$$

と書けて,

$$(0,1)\times(0,1)=(-1,0)=-(1,0)$$

だから, (1,0) を 1, (0,1) を i で表すと,

$$(a,b)=a+bi$$

と書ける, わけ.

箱崎　さっきの定義は, この右辺の形で, フツウの計算をしたものから, 思いついてるんですね.

香山　このアイデアを拡張すると?

六本松　三つの実数の組, 四つの実数の組…エトセトラ・エトセトラで, 複素数と同じように計算できるのを, 探す.

香山　この一般化の過程で, ハミルトンは4元数を発見する. 1843年のことだ.

複素数全体の集合は, 1 と i とを基底とする, $\boldsymbol{R}$ 上の 2 次元の線形空間だったが—— 4元数全体の集合は, $\boldsymbol{R}$ 上の 4 次元の線形空間だ. ハミルトンは, その基底を, 1, i, j, k で表す.

箱崎　そうすると, 4元数は

$$a+bi+cj+dk \quad (a,b,c,d\in\boldsymbol{R})$$

となって, その計算はフツウのように, つまり, これを文字式と考えて足したり, 掛けたり, 実数倍したり, するんですね.

香山　その際, 基底同志の乗法では,

$$ij=k,\ jk=i,\ ki=j,$$
$$ji=-k,\ kj=-i,\ ik=-j,$$
$$ii=jj=kk=-1,$$

と定義する.

六本松 複素数の計算で，i^2 を -1 で置き換えるのと，同じ要領.

香山 この乗法に，ハミルトンは苦労したのだ.

複素数の乗法では，結合法則・交換法則・除法の可能性・分配法則が基本だな．これと同様な乗法を追究したのだが……

六本松 交換法則だけはギセイにした.

香山 それには，力学的考察がからんでいる.

さつきの本から，孫引きすると――ここだ.

箱崎 "The algebraically *real* part may receive … all values contained on the one *scale* of progression of number from negative to positive infinity ; we shall call it therefore the *scalar part,* or simply the *scalar* of the quaternion, and shall form its symbol by prefixing, to the symbol of the quaternion, the characteristic Scal., or simply S., where no confusion seems likely to arise from using this last abbreviation."

《real part》と，いうのは，《quaternion》

$$a+bi+cj+dk$$

の《a》のこと，ですね.

六本松 "On the other hand, the algebraically *imaginary* part, being geometrically constructed by a straight line or radius vector, which has, in general, for each determined quaternion, a determined length and determined direction in space, may be called the *vector part,* or simply the *vector* of the quaternion ; and may be denoted by prefixing the characteristic Vect., or V."

《imaginary part》と，いうのは

$$a+bi+cj+dk$$

の《$bi+cj+dk$》の部分.

箱崎 "We may therefore say that *a quaternion is in general the* *sum of its own scalar and vector parts,* and may write Q=Scal. Q+Vect. Q=S. Q+V. Q or simply Q=SQ+VQ."

香山 これは，1846年の，ハミルトンの論文

On quaternions, or on a new system
of imaginaries in algebra

からの引用だ．

《ベクトル》や《スカラー》という用語は，この論文を起源とする．

4元数の行列表現

香山 乗法の交換法則が成立しない数《4元数》の発見は，当時の数学界に衝撃を与える．

箱崎 行列でもソウなんですから，ビックリしなくても，よさそうなんですが……

香山 行列は1858年で，4元数は1843年だな．

箱崎 アッ．ソウかー．

六本松 衝撃を与えたんなら，ハミルトンはトタンに有名になった．

香山 4元数の発見以前から，有名だ．力学における業績で，だ．

ハミルトンの或る本には——Sir William Rowan Hamilton, LL.D., M.R.I.A., Fellow of the American Society of Arts and Sciences ; of the Society of Arts for Scotland ; of the Royal Astronomical Society of London ; and of the Royal Northern Society of Antiquaries at Copenhagen ; Corresponding Member of the Institute of France ; Honorary or Corresponding Member of the Imperial or Royal Academies of St. Petersburgh, Berlin, and Turin ; of the Royal Societies of Edinburgh and Dublin ; of the Cambridge Philosophical Society; the New York Historical Society ; the Society of Natural Sciences at Lausanne; and of Other Scientific Societies in British and Foreign Countries; Andrew's Professor of Astronomy in the University of Dublin; and Royal Astronomer of Ireland ——と，肩書きが並んでいる.

六本松 寿限無寿限無，五劫のすりきり，海砂利水魚の水行末，雲来末風来末，食う寝る所に住む所，やぶらこうじのぶらこうじ，パイポパイポ，パイポのシューリンガン，シュリンガンのグーリンダイ，グーリンダイのポンポコピーの，ポンポコナの，長久命の長助さん——日本人も，負けられない.

香山 ケーリーも，4元数に興味を持つ.

発見の2年後，1845年には，

On certain results relating to quaternion

という論文を書いている.

1858年の論文にも，4元数に関する結果があるだろう.

箱崎 あります，あります.

"It may be noticed in passing, that if L, M are skew convertible matrices of the order 2, and if these matrices are also such that $L^2=-1$, $M^2=-1$, then putting $N=LM=-ML$, we obtain

$$L^2=-1, \qquad M^2=-1, \qquad N^2=-1,$$

$$L=MN=-NM, \ M=NL=-LN, \ N=LM=-ML,$$

which is a system of relations precisely similar to that in the theory of quaternions."

六本松 さっき，箱崎君が，4元数の乗法から，行列を連想したけど，ヤッパリ関係があった.

箱崎 L, M, N が，それぞれ，i, j, k と同じ働きをするんですね．ですから，4元数

$$a+bi+cj+dk \ (a, b, c, d \in \boldsymbol{R})$$

には，行列

$$aE_2+bL+cM+dN$$

が対応して，この形の行列の足し算や掛け算が，4 元数の足し算や掛け算に相当する，わけですね．

六本松　でも，こんな L, M, N はあるのかな，ケーリーは求めてないけど．

香山　具体的に，求めてみよう．

箱崎

$$L=\begin{pmatrix} a & b \\ c & d \end{pmatrix},\quad M=\begin{pmatrix} a' & b' \\ c' & d' \end{pmatrix}$$

として，a, b, c, d や a', b', c', d' を求めるんですね．

ケーリーの論文に書いてあったように，

$$a+d=0,\ a'+d'=0,\ aa'+bc'+b'c+dd'=0$$

のとき，L と M は skew convertible，つまり

$$LM=-ML$$

です．

六本松　初めの二つの条件から，L, M は

$$L=\begin{pmatrix} a & b \\ c & -a \end{pmatrix},\quad M=\begin{pmatrix} a' & b' \\ c' & -a' \end{pmatrix}$$

という形．

箱崎　そして，三番目の条件は

$$2aa'+bc'+b'c=0$$

と，なりますね．

六本松　この外に，

$$L^2=M^2=-E_2$$

という条件がある．

箱崎

$$L^2=\begin{pmatrix} a & b \\ c & -a \end{pmatrix}\begin{pmatrix} a & b \\ c & -a \end{pmatrix}$$

$$=\begin{pmatrix} a^2+bc & 0 \\ 0 & a^2+bc \end{pmatrix}$$

ですから，

$$L^2=-E_2$$

つまり，

$$\begin{pmatrix} a^2+bc & 0 \\ 0 & a^2+bc \end{pmatrix}=\begin{pmatrix} -1 & 0 \\ 0 & -1 \end{pmatrix}$$

となるための必要十分条件は，

$$a^2+bc=-1$$

です．

六本松　ウマクできてる．

箱崎　同じ計算で，

$$M^2=-E_2$$

となるための必要十分条件は，

$$(a')^2+b'c'=-1$$

です．

六本松　結局，三つの条件

$$\begin{cases} 2aa'+bc'+b'c=0, \\ a^2+bc=-1, \\ (a')^2+b'c'=-1, \end{cases}$$

を満足する a, b, c や a', b', c' が問題．

箱崎　六つの未知数についての，三つの方程式ですから，解は無数にありますが，一組だけ分かればいいんですし……六つの未知数の中の三つの値は勝手に決められそうですから……最初に，a, b, c の値を決めます．

a, b, c だけが出てくるのは，二番目の

$$a^2+bc=-1$$

ですから……

六本松　カン単メイ瞭に，

$$a=0, \quad b=1, \quad c=-1,$$

とする．

箱崎　このとき，一番目の条件から，

$$c'-b'=0,$$

つまり，

$$b'=c'$$

で，これと三番目の条件とから

$$(a')^2+(b')^2=-1$$

です．

六本松　この解もイロイロあるけど，さっきの流儀で

$$a'=0, \quad b'=i$$

と，とれる．

箱崎　それで，

$$L=\begin{pmatrix} 0 & 1 \\ -1 & 0 \end{pmatrix}, \quad M=\begin{pmatrix} 0 & i \\ i & 0 \end{pmatrix}$$

というのが，みつかります．

六本松　そして，

$$\begin{pmatrix} 0 & 1 \\ -1 & 0 \end{pmatrix}\begin{pmatrix} 0 & i \\ i & 0 \end{pmatrix}=\begin{pmatrix} i & 0 \\ 0 & -i \end{pmatrix}$$

だから，

$$N=\begin{pmatrix} i & 0 \\ 0 & -i \end{pmatrix}.$$

香山　複素数が，ガウス平面の点や実数の組という，数学的実体として把握されたのと同様に，4元数

$$a+bi+cj+dk \ (a, b, c, d \in \boldsymbol{R})$$

は……

六本松　行列

$$a\begin{pmatrix} 1 & 0 \\ 0 & 1 \end{pmatrix}+b\begin{pmatrix} 0 & 1 \\ -1 & 0 \end{pmatrix}+c\begin{pmatrix} 0 & i \\ i & 0 \end{pmatrix}+d\begin{pmatrix} i & 0 \\ 0 & -i \end{pmatrix},$$

つまり，

$$\begin{pmatrix} a+di & b+ci \\ -b+ci & a-di \end{pmatrix}$$

という数学的実体で把握される．

香山　この事実は，4元数の行列による表現，とよばれている．

箱崎　そうしますと，複素数

$$a+bi \qquad (a, b \in \boldsymbol{R})$$

は，

$$a\begin{pmatrix} 1 & 0 \\ 0 & 1 \end{pmatrix}+b\begin{pmatrix} 0 & 1 \\ -1 & 0 \end{pmatrix},$$

つまり，

$$\begin{pmatrix} a & b \\ -b & a \end{pmatrix}$$

と，行列で表現されますね．

$$\begin{pmatrix} 0 & 1 \\ -1 & 0 \end{pmatrix}^2=-\begin{pmatrix} 1 & 0 \\ 0 & 1 \end{pmatrix}$$

でしたから．

六本松　4元数の行列表現と複素数の行列表現は，よく似てる．――対角線上の成分は互いに共役で，残りの二つの成分は一つの符号を変えると互いに共役．

箱崎　それから，複素数は，

$$a\begin{pmatrix} 1 & 0 \\ 0 & 1 \end{pmatrix}+b\begin{pmatrix} 0 & i \\ i & 0 \end{pmatrix},$$

とも

$$a\begin{pmatrix} 1 & 0 \\ 0 & 1 \end{pmatrix}+b\begin{pmatrix} i & 0 \\ 0 & i \end{pmatrix},$$

とも，行列で表現されますね．

　さっきと同じ理由で．

香山　この二つはダメだ.

複素数を——虚数を使わずに——表示しよう，という趣旨に反する.

箱崎　スギたるは，オヨバざるが如し——でしたね.

8 元 数

六本松　四つの基底 $1, i, j, k$ の1次結合で表される数が4元数なら，二つの基底 $1, i$ の1次結合で表される複素数は2元数で，一つの基底1の1次結合で表される実数は1元数だろうけど——3元数とか5元数とかは，ないのかな？

香山　それは，よい質問だ.

六本松君の問題をキチンと定式化しよう.

V は，$\boldsymbol{R}$ 上の有限次元線形空間で，V の元同志の乗法では次が成立するもの，とする：

(1)　$(\alpha\beta)\gamma=\alpha(\beta\gamma)$　$(\alpha, \beta, \gamma\in V)$.

(2)　V の——零ベクトルではない——任意の元 α と，V の任意の元 β とに対して

$$\alpha\chi=\beta$$

という，V の元 χ が存在する.

(3)　$\alpha(\beta+\gamma)=(\alpha\beta)+(\alpha\gamma)$,

$(\beta+\gamma)\alpha=(\beta\alpha)+(\gamma\alpha)$　$(\alpha, \beta, \gamma\in V)$.

(4)　$c(\alpha\beta)=(c\alpha)\beta=\alpha(c\beta)$　$(c\in\boldsymbol{R}, \alpha, \beta\in V)$.

——このような V で，次元が3とか5とかのは，ないのか，というのが六本松君の質問だな.

箱崎　掛け算についての初めの三つの性質は結合法則・除法の可能性・分配法則で，掛け算の交換法則が除いてあるのは4元数の場合を考えたからでしょうが，最後の四番目の性質は分かりません.

六本松　V の元の積 $\alpha\beta$ のスカラー倍では，スカラー倍はどこから始めてもい

い，という意味．

複素数や4元数の計算では，ソウなってる．

箱崎　ソレは分かってるけど，僕がいいたいのは——四番目の性質はイラナイんじゃないか——と，いうこと．

六本松　どうして？

箱崎　V が $\boldsymbol{C}$ のときは，実数 c は $\boldsymbol{C}$ の元ですから，四番目の初めの等式は，複素数の掛け算の結合法則(1)から成り立ちますね．

それから，四番目の終わりの等式も，複素数の掛け算の結合法則(1)と交換法則とから成り立ちますね．

それで，四番目の性質はトウゼン成り立っていて，ワザワザ書く必要はない，でしょう．

六本松　でも，4元数の場合も実数は4元数に含まれてるけど，4元数の掛け算では交換法則は成り立たない．

実数との掛け算では，(4)が成り立つように，掛け算を定義してる．

箱崎　ソウか．——しかし，4元数の場合でも，(4)の初めの等式は結合法則(1)から成り立つので，この部分はいりませんね．

香山　一般に，V は $\boldsymbol{R}$ を含むとは限らない．

たとえば，さっき調べたように，2次の正方行列

$$aE_2+bL$$

の全体，すなわち，集合

$$\left\{\begin{pmatrix} a & b \\ -b & a \end{pmatrix} \middle| a, b \in \boldsymbol{R}\right\}$$

は，問題の V の性質を持つが，$\boldsymbol{R}$ はコレの部分集合ではないな．

六本松　一般的に V は $\boldsymbol{R}$ を含まないから，V の元の計算が複素数と同じにできるようにするには，どうしても，四番目の性質が必要．

香山　この V は $\boldsymbol{R}$ 上の多元体，V の元は多元数とよばれている．

実は，$\boldsymbol{R}$ 上の多元体は，1次元・2次元・4次元の三種に限るのだ．

箱崎　つまり，実数体・複素数体・4元数体だけなんですね．

香山　フロベニウスが証明した．1878年のことだ．

箱崎　明治11年で，大久保利通が暗殺された年ですね．

香山　これが，その論文のコピーだ．

六本松　標題は，

Ueber lineare Substitutionen und bilineare Formen

だ．

箱崎　"Aus dem Algorithmus der Zusammensetzung von Formen, d. h. von Systemen aus n^2 Grössen, die nach n Zeilen und n Colonnen geordnet sind, kann man unzählig viele andere Algorithmen herleiten. Mehrere unabhängige Formen E, E_1, $\cdots$, E_m bilden ein *Formensystem,* wenn sich die Producte von je zweien derselben aus den Formen des Systems linear zusammensetzen lassen."

六本松　"Ist dann $A=\sum a_\chi E_\chi$ und $B=\sum b_\chi E_\chi$, so lässt sich AB auf die Gestalt $\sum c_\chi E_\chi$ bringen. Besonders bemerkenswerth sind solche Systeme reeller Formen, die denen die Determinante von $\sum a_\chi E_\chi$ für reelle Werthe von $a, a_1, \cdots, a_m$ nicht verschwinden kann, ohne dass diese Coefficienten sämmtlich Null sind."

箱崎　"In diesem Falle heisst die Form $\sum a_\chi E_\chi$ ein *Zahlencomplex* oder auch ein *complexe Zahl* ……"

多元数の定義のようですね．

六本松　結論は……一番最後にある．

"Wir sind also zu dem Resultate gelangt, dass ausser den reellen Zahlen ($m=0$), den imaginären Zahlen ($m=1$) und den Quaternion ($m=3$) keine andern complexen Zahlen in dem oben definirten Sinne existiren."

香山　20世紀に入って，このフロベニウスの結果に，別証明が与えられる．

位相幾何学の分野における，研究の副産物として．

箱崎 トポロジーですね．

香山 アダムスという人の論文

On the non-existence of elements of

Hopf invariant one

でだ．1960年のことだ．

この論文は，君達には，高尚すぎる．

六本松 コダワルようだけど——たとえば，$\boldsymbol{R}$上の3次元の線形空間があって，その基底をi_1, i_2, i_3とすると，この線形空間の元は

$$ai_1+bi_2+ci_3 \quad (a, b, c \in \boldsymbol{R})$$

と書ける．

これらの元の掛け算で，さっきの分配法則(3)が成り立つと，

$$\begin{aligned}&(ai_1+bi_2+ci_3)(a'i_1+b'i_2+c'i_3)\\&=(ai_1+bi_2+ci_3)(a'i_1)+(ai_1+bi_2+ci_3)(b'i_2)\\&\quad+(ai_1+bi_2+ci_3)(c'i_3)\\&=(ai_1)(a'i_1)+(bi_2)(a'i_1)+(ci_3)(a'i_1)\\&\quad+(ai_1)(b'i_2)+(bi_2)(b'i_2)+(ci_3)(b'i_2)\\&\quad+(ai_1)(c'i_3)+(bi_2)(c'i_3)+(ci_3)(c'i_3)\end{aligned}$$

と展開できる．

それで，さっきの(4)も成り立つと，

$$\begin{aligned}&(ai_1+bi_2+ci_3)(a'i_1+b'i_2+c'i_3)\\&=(aa')(i_1i_1)+(ba')(i_2i_1)+(ca')(i_3i_1)\\&\quad+(ab')(i_1i_2)+(bb')(i_2i_2)+(cb')(i_3i_2)\\&\quad+(ac')(i_1i_3)+(bc')(i_2i_3)+(cc')(i_3i_3)\end{aligned}$$

となる．

だから……《数》というからには足し算・引き算・掛け算・割り算ができな

いといけないだろうから，さっきの (2) も成り立つような……

$$i_s i_t = d_{st1} i_1 + d_{st2} i_2 + d_{st3} i_3$$
$$(s, t = 1, 2, 3)$$

という実数 d_{stl} がみつかると，《3元数》が作れるんだけど．——こんな数は，ないのかな．

箱崎　つまり，掛け算の結合法則 (1) をギセイにした数ですね．

ハミルトンも，4元数を作るとき，掛け算の交換法則をギセイにしてますね．

香山　実は，そのような数はある．

ケーリーが発見している．この論文でだ．

箱崎　標題は，

On Jacobi's elliptic functions, in reply to
the Rev. B. Bronwin ; and on quaternions

で，1845年に発表してますね．

六本松　"It is possible to form an analogous theory with seven imaginary roots of (-1). Thus if these be $i_1, i_2, i_3, i_4, i_5, i_6, i_7$, which group together according to the types

123, 145, 624, 653, 725, 734, 176,

i. e. the type 123 denotes the system of equations

$$i_1 i_2 = i_3, \quad i_2 i_3 = i_1, \quad i_3 i_1 = i_2,$$
$$i_2 i_1 = -i_3, \quad i_3 i_2 = -i_1, \quad i_1 i_3 = -i_2,$$

&c."

箱崎　"We have the following expression for the product of two factors:

$$(X_0 + X_1 i_1 + \cdots X_7 i_7)(X_0' + X_1' i_1 + \cdots X_7' i_7)$$
$$= X_0 X_0' - X_1 X_1' - X_2 X_2' \cdots - X_7 X_7'$$

$$
\begin{aligned}
&+[\overline{23} + \overline{45} + \overline{76} + (0\ 1)]\,i_1\\
&+[\overline{31} + \overline{46} + \overline{57} + (0\ 2)]\,i_2\\
&+[\overline{12} + \overline{65} + \overline{47} + (0\ 3)]\,i_3\\
&+[\overline{51} + \overline{62} + \overline{47} + (0\ 4)]\,i_4\\
&+[\overline{14} + \overline{36} + \overline{72} + (0\ 5)]\,i_5\\
&+[\overline{24} + \overline{53} + \overline{17} + (0\ 6)]\,i_6\\
&+[\overline{25} + \overline{34} + \overline{61} + (0\ 7)]\,i_7
\end{aligned}
$$

where

$$(01)=X_0X_1'+X_1X_0'\cdots;\quad \overline{12}=X_1X_2'-X_2X_1' \text{ \&c.''}$$

計算はフクザツですね.

香山 i_4 の係数《$\overline{47}$》は《$\overline{73}$》の誤植だ.

六本松 ミスプリントはいいけど，これは8元数.

香山 ケーリーの8元数とよばれている.

乗法の交換法則・結合法則が成立しないことや，除法の可能性は，乗法の定義から明らかだが，1847年の，この論文

Note on a system of imaginaries

でも強調している.

箱崎 "……, if $i_\alpha, i_\beta, i_\gamma$ be any three of the seven quantities which do *not* form a triplet, then

$$(i_\alpha i_\beta).\ i_\gamma=-i_\alpha.\ (i_\beta i_\gamma).$$

Thus, for instance,

$$(i_3 i_4).\ i_5=i_7.\ i_5=-i_2\,;$$

but $$i_3.\ (i_4 i_5)=i_3.\ i_1=i_2,$$

and similarly for any other such combination."

《triplet》というのは，

123, 145, 624, 653, 725, 734, 176,

という組のことですね.

六本松 "Hence in the octuple system in question neither the commutative nor the distributive law holds, which is a still wider departure from the laws of ordinary algebra than that which is presented by Sir W. Hamilton's quaternions."

この《distributive》も,《associative》のミスプリントだけど――こんな数で,《3元数》はナイのかな?

香山 残念ながら,ない.

$\boldsymbol{R}$上の有限次元線形空間で,その元同志の乗法では――多元体の定義で述べた――(2)・(3)・(4)が成立するものは, 1次元・2次元・4次元・8次元の四種に限るのだ.

箱崎 実数・複素数・4元数の外には,ケーリーの8元数しかないんですね.

香山 ボットとミルナーという人とが証明した.

共著の論文

On the parallelizability of the spheres

でだ. 1958年のことだ.

これも,位相幾何学的な考察による.

六本松 マタ,また,トポロジー.僕達には,高尚.

箱崎 8元数のフクザツな計算に,ケーリーはどうして気がついたんでしょう?

香山 憶測だが――4元数

$$a+bi+cj+dk$$

は,$ij=k$ だから,

$$(a+bi)+(c+di)j$$

と,捉えられる.

箱崎 $\boldsymbol{C}$上の,2次元の,線形空間の元と考えられますね.

香山 これを拡張して,4元数体上の,2次元線形空間の元

$$(a+bi+cj+dk)+(a'+b'i+c'j+d'k)l$$

を導入しよう．

i, j, k, l を，それぞれ，i_1, i_2, i_3, i_4 と書くと，問題の元は

$$(a+bi_1+ci_2+di_3)+(a'+b'i_1+c'i_2+d'i_3)i_4$$

となるから，分配法則(3)とスカラー倍の性質(4)とを仮定すると……

六本松　$a+bi_1+ci_2+di_3+a'i_4+b'(i_1i_4)+c'(i_2i_4)+d'(i_3i_4)$ で，

$$i_1i_4=i_5,\quad i_2i_4=i_6,\quad i_3i_4=i_7$$

と書くと，問題の元は，

$$a+bi_1+ci_2+di_3+a'i_4+b'i_5+c'i_6+d'i_7$$

と表される．

箱崎　そして，さっきの論文にあった，

123,　145,　246,　347

という組が出てきますね．

香山　これらの元の乗法は，分配法則(3)とスカラー倍の性質(4)とを仮定すると，問題の元と各基底との積で決まる．

たとえば，i_1 との積

$$(a+bi_1+ci_2+di_3+a'i_4+b'i_5+c'i_6+d'i_7)i_1$$

を取り上げると，最初の四項は $1, i_1, i_2, i_3$ の1次結合だね．

箱崎　《123》という組が決まってました，から．

香山　残りの四項は

$$a'(i_4i_1)+b'(i_5i_1)+c'(i_6i_1)+d'(i_7i_1)$$

だが……

六本松　$i_4i_1=-i_5$，$i_5i_1=i_4$ と，もう，決まってる．

香山　だから，残りの四項に i_4, i_5, i_6, i_7 がスベテ出現すると仮定すると，まず，

$$i_6i_1=\pm i_6 \quad か \quad i_6i_1=\pm i_7$$

か，だが，除法の可能性(2)を仮定すると，

$$i_6i_1=\pm i_6$$

は，不適格だ．

六本松　$i_1=\pm 1$，になる．

箱崎　それで，

$$i_6 i_1 = i_7$$

と約束して，論文にあった組《176》が出くる，わけですね．

六本松　これから，一番終わりの項は自然に決定する．

香山　同様に，i_2, i_3 との積から，それぞれ，組

725,　653

が得られる．

箱崎　i_4，や i_5, i_6, i_7 を掛けると，ドンナ組が出てきますか？

香山　その場合の積は，すでに決定した七つの組

123,　145,　246,　347,　176,　725,　653

から，完全に計算される．

箱崎　ケーリーもコンナ風に考えたんでしょうね．

六本松　4元数は行列で表されたけど，8元数はダメ．

行列同志の掛け算では，結合法則が成り立つから．

箱崎　その行列は，1次変換の省略記号として，ケーリーは導入したのでしたね．1次変換とケーリーとの間には，どんな関係があるんですか？

行列論の背景

香山　《12月8日》というと，何を連想する？

箱崎　サぁー，

六本松　太平洋戦争．

香山　お若いに似ず……ブールの命日だ．1864年12月8日，50歳で他界する．

箱崎　ブール代数とか，論理代数とかいうので有名な，ブールですね．

香山　1848年の著書

The Mathematical Analysis of Logic

と，1854年の著書

An Investigation of the Laws of Thought, on which are founded the Mathematical Theories of Logic and Probabilities

との，記号論理に関する先駆的業績は，当時では，さほど評価されてはいない．

箱崎 ソンナもんですか．

香山 評価とは，ソンナものだ．

評価は人様がする．時ながれ，人うつれば，評価も動く．——人様の思惑などは気にせず，自分の仕事をすることだ．

ケーリーと1次変換との仲は，このブールが取り持っている．

これが，1次変換についての，最初の論文だ．

箱崎 標題は，

On the theory of linear transformations

で，1845年に発表してますね．

六本松 "The following investigations were suggested to me by a very elegant paper on the same subject, published in the *Journal* by Mr. Boole."

箱崎 "The following remarkable theorem is there arrived at. If a rational homogeneous function U, of the nth order, with the m variables x, $y\cdots$, be transformed by linear substitutions into a function V of the new variables, ξ, $\eta\cdots$; if, moreover, θU expresses the function of the coefficients of U, which, equated to zero, is the result of the elimination of the variables from the series of equations $d_xU=0$, $d_yU=0$, &c., and of course θV the analogous function of the coefficients of V: then $\theta V=E^{n\alpha}.\ \theta U$, where E is the determinant formed by the coefficients of the equations which connect $x, y \cdots$ with $\xi, \eta \cdots$, and $\alpha=(n-1)^{m-1}$."

六本松 "In attempting to demonstrate this very beautiful property, it occurred to me that it might be generalised ……"

サッパリ，分かんない．

香山 二つの整数の，平方の和として表される整数を求める問題は，古代ギリシャで議論されている．

箱崎 つまり，整数 m が与えられたとき，方程式

$$x^2+y^2=m$$

が，整数の解 x, y を持つための条件ですね．

香山 これを一般化すると，整数 a, b, c, m が与えられたとき，方程式

$$ax^2+bxy+cy^2=m$$

の整数解を求める問題が生ずる．

これは18世紀末に始まるが，この方程式の左辺は，1次式の積に因数分解されたり，平方の和とか平方の差とかにも変形されるな．

その決め手は？

六本松 判別式

$$D=b^2-4ac.$$

香山 $D=0$，の場合は？

箱崎 完全平方式です．

香山 整数解を求める問題だから，係数は整数となるように考慮すると，問題の方程式は，

$$g(px+qy)^2=m$$

という形となる．

g は a, b, c の最大公約数で，p, q は互いに素な整数だ．

そこで，新しい未知数

$$X=px+qy$$

を導入すると，

$$gX^2=m$$

という方程式に帰着される．

$D<0$，の場合は？

六本松　平方の和．

香山　整数論的考慮をすると，問題の方程式は，

$$(2ax+by)^2+|D|y^2=4am$$

となる．

箱崎　$D<0$ のとき，$a\neq 0$ ですから，$4a$ を両辺に掛けても同値ですね．

六本松　それで，

$$X=2ax+by,\quad Y=y$$

を新しい未知数にとると，

$$X^2+|D|Y^2=4am$$

に帰着される．

香山　$D>0$，の場合は？

箱崎　平方の差です．

香山　D が平方数なら，整係数の1次式に分解される：

$$g(px+qy)(rx+sy)=m$$

という形となる．

g は a, b, c の最大公約数，p, q や r, s は，それぞれ，互いに素な整数で，

$$ps-qr\neq 0$$

だ．

六本松　それで，

$$X=px+qy,\quad Y=rx+sy$$

を新しい未知数にとると，

$$gXY=m$$

に帰着される．

香山　$D>0$ で，D が平方数でないなら，$a\neq 0$ だから，$4a$ を掛けて，同値な

方程式

$$(2ax+by)^2-Dy^2=4am$$

を得る．

箱崎　ですから，新しい未知数

$$X=2ax+by, \quad Y=y$$

についての方程式

$$X^2-DY^2=4am$$

に帰着されますね．

香山　問題の方程式を解くには，この方針に従う．

この方針を統一的に眺めると？

箱崎　問題の方程式

$$ax^2+bxy+cy^2=m$$

で，適当な未知数の変換

$$\begin{cases} X=\alpha x+\beta y \\ Y=\gamma x+\delta y \end{cases}$$

をして，X, Y の方程式に帰着させること，です．

この未知数の変換は，1次変換ですね．

六本松　一番目の場合を除くと，X と Y の値から x と y の値が求まるようになってたから，この変換では，一般的に，

$$\alpha\delta-\beta\gamma \neq 0.$$

香山　この変換によって，問題の方程式は，X, Y についての，どのような方程式となる？

六本松

$$a'X^2+b'XY+c'Y^2=m$$

という形．

問題の方程式の左辺を行列で表すと，

$$(ax^2+bxy+cy^2)=(x \quad y)\begin{pmatrix} a & \frac{b}{2} \\ \frac{b}{2} & c \end{pmatrix}\begin{pmatrix} x \\ y \end{pmatrix}$$

となって，ここで，変換

$$\begin{pmatrix} X \\ Y \end{pmatrix} = \begin{pmatrix} \alpha & \beta \\ \gamma & \delta \end{pmatrix} \begin{pmatrix} x \\ y \end{pmatrix}$$

つまり，

$$\begin{pmatrix} x \\ y \end{pmatrix} = \begin{pmatrix} \alpha & \beta \\ \gamma & \delta \end{pmatrix}^{-1} \begin{pmatrix} X \\ Y \end{pmatrix}$$

をすると，問題の左辺は，

$$(X \quad Y) {}^t\!\left[\begin{pmatrix} \alpha & \beta \\ \gamma & \delta \end{pmatrix}^{-1}\right] \begin{pmatrix} a & \frac{b}{2} \\ \frac{b}{2} & c \end{pmatrix} \begin{pmatrix} \alpha & \beta \\ \gamma & \delta \end{pmatrix}^{-1} \begin{pmatrix} X \\ Y \end{pmatrix}$$

となるから．

教科書で，固有値問題の応用に出てきた．

箱崎　そういえば，《2次形式の標準化》や，《2次曲線の分類》と似てますね．

香山　この整数論上の問題は，固有値問題の起源の一つなのだ．

さて，

$$\begin{pmatrix} \alpha & \beta \\ \gamma & \delta \end{pmatrix}^{-1} = \begin{pmatrix} \alpha' & \beta' \\ \gamma' & \delta' \end{pmatrix}$$

と書いて，新しい未知数についての係数 a', b', c' を a, b, c や $\alpha', \beta', \gamma', \delta'$ で具体的に表すと？

六本松

$$ {}^t\!\begin{pmatrix} \alpha' & \beta' \\ \gamma' & \delta' \end{pmatrix} \begin{pmatrix} a & \frac{b}{2} \\ \frac{b}{2} & c \end{pmatrix} \begin{pmatrix} \alpha' & \beta' \\ \gamma' & \delta' \end{pmatrix} = \begin{pmatrix} \alpha' & \gamma' \\ \beta' & \delta' \end{pmatrix} \begin{pmatrix} a\alpha' + \frac{b}{2}\gamma' & a\beta' + \frac{b}{2}\delta' \\ \frac{b}{2}\alpha' + c\gamma' & \frac{b}{2}\beta' + c\delta' \end{pmatrix}$$

$$= \begin{pmatrix} a(\alpha')^2 + b\alpha'\gamma' + c(\gamma')^2 & a\alpha'\beta' + \frac{b}{2}\beta'\gamma' + \frac{b}{2}\alpha'\delta' + c\gamma'\delta' \\ a\alpha'\beta' + \frac{b}{2}\alpha'\delta' + \frac{b}{2}\beta'\gamma' + c\gamma'\delta' & a(\beta')^2 + b\beta'\delta' + c(\delta')^2 \end{pmatrix}$$

だから，

$$a' = a(\alpha')^2 + b\alpha'\gamma' + c(\gamma')^2,$$

$$b' = 2a\alpha'\beta' + b\alpha'\delta' + b\beta'\gamma' + 2c\gamma'\delta',$$

$$c' = a(\beta')^2 + b\beta'\delta' + c(\delta')^2.$$

香山　新しい方程式

$$a'X^2+b'XY+c'Y^2=m$$

を解くにも，その判別式

$$(b')^2-4a'c'$$

が問題となるな．

これを，a, b, c や $\alpha', \beta', \gamma', \delta'$ で表すと？

箱崎　いま求めた関係式から，強引に計算すると……

$$(b')^2-4a'c'=(\alpha'\delta'-\beta'\gamma')^2(b^2-4ac)$$

と，なります．

六本松　一般的に，

$$Ax^2+Bxy+Cy^2$$

の判別式

$$B^2-4AC$$

は，

$$(Ax^2+Bxy+Cy^2)=(x\quad y)\begin{pmatrix} A & \frac{B}{2} \\ \frac{B}{2} & C \end{pmatrix}\begin{pmatrix} x \\ y \end{pmatrix}$$

と書いたとき現れる行列

$$\begin{pmatrix} A & \frac{B}{2} \\ \frac{B}{2} & C \end{pmatrix}$$

の行列式を（-4）倍したものだ．

だから，

$$a'X^2+b'XY+c'Y^2$$

の判別式は，

$$\left|{}^t\begin{pmatrix} \alpha' & \beta' \\ \gamma' & \delta' \end{pmatrix}\begin{pmatrix} a & \frac{b}{2} \\ \frac{b}{2} & c \end{pmatrix}\begin{pmatrix} \alpha' & \beta' \\ \gamma' & \delta' \end{pmatrix}\right|$$

を（−4）倍したもので，

$$(b')^2-4a'c'=(\alpha'\delta'-\beta'\delta')^2(b^2-4ac)$$

は，明らか．

香山　この二つの判別式の間の関係に，ブールは注目する．

整数論的問題を離れ——x, y についての実係数の 2 次同次式

$$ax^2+bxy+cy^2$$

で，1 次変換

$$\begin{pmatrix} x \\ y \end{pmatrix}=\begin{pmatrix} \alpha' & \beta' \\ \gamma' & \delta' \end{pmatrix}\begin{pmatrix} X \\ Y \end{pmatrix}\quad(\alpha'\delta'-\beta'\gamma'\neq 0)$$

を行うと，それは X, Y についての実係数の 2 次同次式となる．

それを

$$a'X^2+b'XY+c'Y^2$$

とする．

この二つの同次式の，判別式の間には，

$$(b')^2-4a'c'=(\alpha'\delta'-\beta'\gamma')^2(b^2-4ac)$$

という関係がある．

箱崎　さっきの計算は，a, b, c や $\alpha', \beta', \gamma', \delta'$ が整数でなくても，通用しますね．

香山　この関係の特徴は？

六本松　新しい判別式は，もとの判別式と，1 次変換を表す行列の行列式の 2 乗との積．

香山　1 次変換だけによって決定される量を度外視すると，判別式は変化しない，ということだな．

箱崎　特別な

$$\alpha'\delta'-\beta'\gamma'=\pm 1$$

という 1 次変換では，ゼンゼン変わりませんね．

香山　このような性質を持つものは，判別式の外にも，ないものだろうか——

と，ブールは自問する．

箱崎　同次式の係数の関数で——変数の1次変換をするとき——その値が，1変次換を表す行列の行列式の何乗かを掛けたのダケしか違わない，というものですね．

香山　自問自答した結果が，ケーリーの論文に紹介されている《remarkable theorem》だ．

六本松　m 変数の，n 次の同次有理式に一般化してる，のか．

香山　このような性質を持つものをスベテ求めよう，というのが，ケーリーの構想だ．

この論文は，その第一歩で，《不変式論》とよばれているものへと発展させる．

箱崎　その過程で，行列論を作ったんですね．

行列を使うと，1次変換したときの計算が簡単になったり……

六本松　計算や結果の見通しが，よくなる．

香山　さき程の実行列

$$\begin{pmatrix} \alpha' & \beta' \\ \gamma' & \delta' \end{pmatrix} \quad (\alpha'\delta'-\beta'\gamma' \neq 0)$$

すなわち，正則な実行列全体の集合は乗法に関して……

箱崎　群です．高校で習いました．

六本松　教科書では，$\boldsymbol{R}$ 上の2次の一般1次変換群といって，$GL(2, \boldsymbol{R})$ で表す．

香山　《群》という言葉が出てきたところで，そろそろ，話をその方に移そう．

その前に，コーヒー・ブレイクとシャレよう．

第2話

群

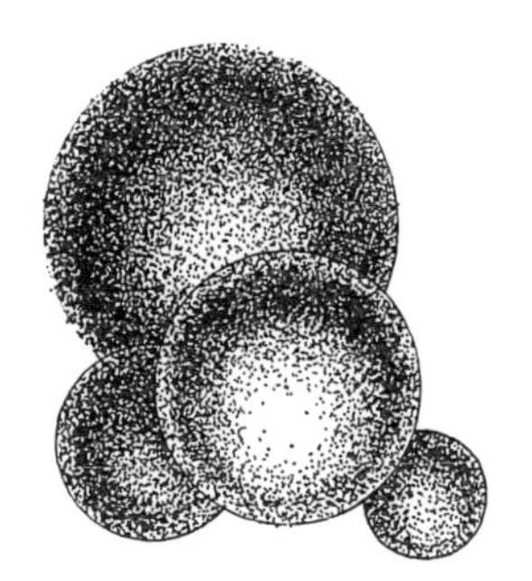

コマネチちゃんには驚愕した．

毎日，酢でも飲んでいるのだろう，と思っていたところ――「からだが柔軟であるというのは，もっぱら筋肉しだい，それに多少靱帯や関節のうが関係しているでしょう．だから，せっせと練習するより手はないのです．酢にたよろうなんて，もともと無理難題だといえます」と，石垣純二先生は書いている．

《酢を飲むと，からだが柔らかくなる》というのは，《常識のウソ》だそうだな．

群の起源（一）

香山　群は，高校では，どう学習した？

箱崎　2次の正則行列全体の集合を S とします．

積という演算に対して S の性質をまとめると，

(1)　$A \in S$，$B \in S$ なら，$AB \in S$．

(2)　$(AB)C = A(BC)$．

(3)　S のどんな元 A に対しても，$EA = A$ を満たす，A に関係しない，元 E が S の中にただ一つ存在する．

(4)　S のどんな元 A に対しても，$XA = E$ を満たす，元 X が S の中にただ一つ存在する．

六本松　このように，S の性質をまとめると，この四つの性質を満たす集合は S に限らないことに気づく．

この四つの性質 (1)〜(4) を満たす集合は，その演算に関して群をつくるという――と習った．

箱崎　でも，群の定義だけで，群論なんかは，しませんでした．

香山　言葉だけを教える，という数学教育には，大いに疑問がある．

六本松　「群の概念は，いまより約100年ほど前，ガロア，アーベルにより研究され始めたものです」と，僕の読んだ本に書いてあった．

香山　《数学版・常識のウソ》だ．

六本松　偉い数学者の本，だけどな．

香山　3次方程式の根の公式は？

箱崎　3次方程式

$$ax^3+bx^2+cx+d=0 \quad (a \neq 0)$$

を解くには，

$$x=y-\frac{b}{3a}$$

とおいて

$$y^3+py+q=0$$

という方程式に変形します．

この係数 p, q から，

$$t_1=-\frac{q}{2}+\sqrt{\left(\frac{q}{2}\right)^2+\left(\frac{p}{3}\right)^3},$$

$$t_2=-\frac{q}{2}-\sqrt{\left(\frac{q}{2}\right)^2+\left(\frac{p}{3}\right)^3},$$

を作ります．

t_1 と t_2 の3乗根の中で，その積が $-\dfrac{p}{3}$ になるのを，$\sqrt[3]{t_1}$，$\sqrt[3]{t_2}$ とします．

問題の3次方程式の根は

$$\begin{cases} x_1=-\dfrac{b}{3a}+\sqrt[3]{t_1}+\sqrt[3]{t_2} \\ x_2=-\dfrac{b}{3a}+\sqrt[3]{t_1}\,\omega+\sqrt[3]{t_2}\,\omega^2 \\ x_3=-\dfrac{b}{3a}+\sqrt[3]{t_1}\,\omega^2+\sqrt[3]{t_2}\,\omega \end{cases}$$

と，なります．ここで，

$$\omega=\frac{-1+i\sqrt{3}}{2}$$

です．

香山　このアイデアは，カルダノによる．

1545年の著書

Artis Magnæ

にある．――ここだ．

六本松 何語？

香山 ラテン語だ．

六本松 分かんないハズだ．

箱崎 ゴチャ・ゴチャと文字が並んでて，ところどころに正方形みたいのが書いてありますね．

香山 幾何学的に考察している．

当時は，代数記号が発達していないので，ほとんどが言葉だ．

ここなら見当が付くだろう．――解法の例だ．

“cubus p̃. 6. rebus æqualis 20.
2. 20.
8. ―――― 10.
108.
℞. 108. p̃. 10.
℞. 108. m̃. 10.
℞. v. cu. ℞. 108. p̃. 10.
m̃. ℞. v. ℞. 108. m̃. 10.”

箱崎 3次方程式

$$x^3+6x=20$$

ですね．

六本松 根の公式で

$$p=6,\ q=-20$$

の場合で，初めに，$\dfrac{p}{3}$ と $-\dfrac{q}{2}$ の値を求め，それから，$\left(\dfrac{p}{3}\right)^3$ と $\left(\dfrac{q}{2}\right)^2$ の値を出してる．

箱崎 それを足したのが，108ですね．

六本松　それから，

$$\sqrt{\left(\frac{p}{3}\right)^3+\left(\frac{q}{2}\right)^2}+\left(-\frac{b}{2}\right),$$

$$\sqrt{\left(\frac{p}{3}\right)^3+\left(\frac{q}{2}\right)^2}-\left(-\frac{b}{2}\right),$$

を求めてる．

《R̸》は《平方根》，《p̃》は《プラス》，《m̃》は《マイナス》の記号らしい．

箱崎　そして，これらの3乗根の差が答え，ですね．

《R̸. v. cu.》は《3乗根》の記号ですね．

六本松　二番目の3乗根からマイナスを前に出すと，公式と一致する．

でも，虚根は考えてない．

香山　虚数は，カルダノの公式を適用する過程で，使用されるようになる．

たとえば，3次方程式

$$x^3-15x-4=0$$

の三根はスベテ実数だが，公式を適用すると，t_1, t_2 は虚数となる．——これを切り抜けるには，どうしても虚数の計算が必要となる．

数学教育では，2次方程式の解法と関連して，虚数の計算を導入するが，歴史的にはソウではない．

六本松　2次方程式で虚根が出てくるのは，方程式が

$$x^2=\text{負数}$$

と変形される場合だけど，これを解くのに，わざわざ虚数を考える必要はない．

実数しか考えない時代では，この方程式が根を持たないのは明らか，だから．

香山　4次方程式の根の公式は？

崎箱　4次方程式

$$ax^4+bx^3+cx^2+dx+e=0 \quad (a\neq 0)$$

を解くには，

$$x=y-\frac{b}{4a}$$

とおいて

$$y^4+py^2+qy+r=0$$

という方程式に変形します．

この係数 p,q,r から，3次方程式

$$t^3+\frac{p}{2}t^2+\left(\frac{p^2}{16}-\frac{r}{4}\right)t-\frac{q^2}{64}=0$$

を作ります．

この方程式の三根 t_1,t_2,t_3 の平方根の中で，その積が $-\frac{q}{8}$ になるのを，$\sqrt{t_1}$，$\sqrt{t_2}$，$\sqrt{t_3}$ とします．

問題の4次方程式の根は

$$\begin{cases} x_1=-\dfrac{b}{4a}+\sqrt{t_1}+\sqrt{t_2}+\sqrt{t_3} \\ x_2=-\dfrac{b}{4a}+\sqrt{t_1}-\sqrt{t_2}-\sqrt{t_3} \\ x_3=-\dfrac{b}{4a}-\sqrt{t_1}+\sqrt{t_2}-\sqrt{t_3} \\ x_4=-\dfrac{b}{4a}-\sqrt{t_1}-\sqrt{t_2}+\sqrt{t_3} \end{cases}$$

と，なります．

香山 これは，オイラーの解法だな．

初めて，4次方程式の根の公式を確立したのは，フェリラだ．カルダノのお弟子さんだ．

フェラリの方法は，さき程のカルダノの著書に紹介されている……

六本松 ラテン語は，もうタクサン．

群の起源（二）

香山 4次方程式まで解ける，となると？

箱崎　今度は，5次方程式の番ですね．

六本松　それが，なかなか解けない．

香山　その時，発表されたのが，ラグランジュの論文

Réflexions sur la résolution algébrique des équations

だ．1770年から1771年にかけての，大作だ．

六本松　《方程式の代数的解法についての省察》．

箱崎　《代数的解法》て，何ですか？

香山　4次方程式までの根の公式では，根は，与えられた方程式の係数から，加・減・乗・除と累乗根とだけを使って表されているな．

このような解き方を，代数的解法とよぶ．

箱崎　そうでない解き方も，あるんですか．

香山　たとえば，実係数の3次方程式には，三角関数による根の公式もある．

また，5次方程式は，加・減・乗・除と累乗根とを使って，

$$x^5+x-c=0$$

と変形できる．

そこで，$x^n=c$ の一つの根を $\sqrt[n]{c}$ で表したように，この5次方程式の一つの根を ${}^*\sqrt{c}$ という記号――これは《ultraradical》とよばれている――で表すと……

六本松　ウルトラ・シー！

香山　加・減・乗・除と累乗根とウルトララディカルとによる，5次方程式の根の公式が求まる．

箱崎　根は係数の関数だから，関数の種類を制限しないんなら，根の公式はイロイロある，わけですね．

さっきのように制限するのが，代数的解法なんですね．

香山　ラグランジュの論文の目的は，ここにある．

六本松　“Je me propose dans ce Mémoire d'examiner les différentes méthodes que l'on a trouvées jusqu'à présent pour la résolution algébrique des équations, de les réduire á des principes généraux, et de faire voir *á priori* pourquoi ces méthodes réussissent pour le troisième et le quatrième degré, et sont en défaut pour les degrés ultérieurs."

方程式の代数的解法として現在までに知られている種々の方法を考察し，それらを一般的な原理に還元し，それらの方法が3次や4次の場合には成功し，より高次の場合には失敗した理由を，先験的に明らかにするのが，この論文の目的である——か.

香山　ラグランジュの，この論文は，方程式論・代数学さらには数学全般を大きく変革する震源地となる.

六本松　マグニチュード……

香山　10以上だな.

箱崎　《一般的な原理》て，どういうのですか？

香山　3次方程式のカルダノの公式では，根は t_1, t_2 を使って表されているな.

この t_1, t_2 は……

六本松　方程式

$$t^2+qt-\frac{p^3}{27}=0$$

の根.

香山　この方程式は，問題の3次方程式の根 x_1, x_2, x_3 の整式

$$\frac{1}{27}(x_1+\omega x_2+\omega^2 x_3)^3$$

で，x_1, x_2, x_3 を並べ換えて生ずる，すべての整式を根に持つこと，をラグランジュは発見する.

箱崎　x_1, x_2, x_3 の置換をしたものですね.

六本松　それはゼンブで6つあるから，6次方程式でないと，いけない……

香山　互いに異なるものは，2個なのだ.

箱崎　それで，2次方程式なんですね.

香山　3次方程式の代数的解法は，カルダノの方法の外にも，色々とあるが，どの場合にも，途中で解く方程式——これを補助方程式というが——は，問題の3次方程式の根の有理式で，根の置換をして生ずる，互いに異なる有理式を根に持つこと，をラグランジュは解析する．

4次方程式のオイラーの公式では……

六本松　根は t_1, t_2, t_3 で表されてて，t_1, t_2, t_3 は3次方程式

$$t^3+\frac{p}{2}t^2+\left(\frac{p^2}{16}-\frac{r}{4}\right)t-\frac{q^2}{64}=0$$

の根．

香山　この3次方程式は，問題の4次方程式の根 x_1, x_2, x_3, x_4 の整式

$$(x_1+x_2-x_3-x_4)^2$$

で，x_1, x_2, x_3, x_4 の置換をして生ずる，すべての式を根に持つこと，をラグランジュは見いだす．

箱崎　x_1, x_2, x_3, x_4 の置換はゼンブで24ありますから，8つずつ同じ式になるわけですね．

香山　4次方程式の代数的解法は，オイラーの方法の外にも色々と知られていたが，どの場合にも，補助方程式は，問題の4次方程式の根の有理式で，根の置換をして生ずる，互いに異なる有理式を根に持つこと，をラグランジュは分析する．

そして，3次・4次方程式の，代数的解法の《一般的な原理》とは……

箱崎　問題の方程式を代数的に解くときに出てくる補助方程式は，問題の方程式の根の有理式で，根の置換をするときに出来る，互いに違う式をゼンブ根に持つ——ということ，ですね．

香山　5次以上の方程式でも，それが代数的に解けるのなら，このような補助方程式が存在する，という．

六本松　そうすると，5次以上の方程式を代数的に解くためには，そんな性質を持つウマイ根の有理式を見つけると，いい．

香山 ラグランジュは色々と試みている．

たとえば，n 次方程式の n 個の根の有理式で，根の置換をするとき生ずる，互いに異なる有理式の個数は，n の階乗の約数である——を考察している．

六本松 これらの有理式を根に持つ，補助方程式の次数は n の階乗の約数．

箱崎 補助方程式の次数が問題なわけですね．その次数は，問題の方程式の次数より小さくないと，いけませんから．

香山 n 次方程式の n 個の根の，二つの有理式 F, G を考える．

F を変える根の置換が，常に，G を変えるならば，F は G の有理式で表される——という結果も得ている．

箱崎 どういう意味ですか？

香山 F として，問題の方程式の根自身を，それから，G で根の置換をするとき生ずる，互いに異なる有理式を根に持つ補助方程式を考えると……

六本松 補助方程式の根から，問題の方程式の根が代数的に表されるための十分条件．

箱崎 補助方程式が代数的に解けても，その根から，問題の方程式の根が代数的に求まらないと，いけないから，ですね．

香山 ラグランジュは色々と試みたが，5次方程式の代数的解法には成功しない．

そして，次のように結論する．ここだ．

六本松 “Voilá, si je ne me trompe, les vrais principes de la résolution des équations et l’analyse la plus propre à y conduire ; tout se réduit, comme on voit, à une espèce de calcul des combinaisons, par lequl on trouve *à priori* les résultats auxquels on doit s’attendre.”

私の思い違いでなければ，方程式の解法の真の原理と，そこに導く最も適した解析とが，ここにある；見て来たように，すべては一種の組合せの計算に帰着され，そこから期待した結果が先験的に見いだされる．

香山 その，つづきは？

六本松　“Il serait à propos d'en fair l'application aux équations du cinquième degré et des degrés supérieurs, dont la résolution est jusqu'à présent inconnue ; mais cette application demande un trop grand nombre de recherches et de combinaisons, dont le succès est encore d'ailleurs fort douteux, pour que nous puissions quant à présent nous livrer à ce travail ; nous esperons cependant pouvoir y revenir dans un autre temps, et nous nous contenterons ici d'avoir posé les fondements d'une théorie qui nous paraît nouvelle et générale.”

さて，現在までは解法が知られていない，5次方程式や5次より大きい次数の方程式への応用が残されている；しかし，この応用は莫大な研究と組合せとを必要としていて，そのために，この研究に今まで没頭してきた割には，その首尾はパッとしない；これについては他日を期すこととして，新しく一般的と見える，理論の基礎を築いたことに満足しておこう．

箱崎　成功しなかったグチですね．

香山　ラグランジュの後継者が現れる．

箱崎　誰ですか？

香山　ルフィニという人だ．

群の起源（三）

香山　趣味が嵩じて本職にとって代わる，というケースはよくある話だが，ルフィニもその口だ．

六本松　もともとは？

香山　お医者さんだ．

Teoria generale delle Equazioni, in cui
si dimostrata impossibile la soluzione algebraica

delle equazioni generali di grado superiore al quarto

という著書を刊行する.

1799年のことだ.

箱崎 何語ですか?

香山 イタリア語.

『方程式の一般的理論, 4より高次の一般方程式の代数的解法は不可能なことの証明』.

箱崎 《一般方程式》て, 何ですか?

香山 係数を独立変数と考えたものだ.

六本松 だから,《5次以上の方程式には, 代数的解法による, 根の公式はない》ということの証明.

香山 5次方程式の代数的解法では, 補助方程式の次数は何次のものが可能か——という問題から出発する.

箱崎 5より小さい次数の, 補助方程式ですね.

香山 根の有理式で根の置換をするとき, それと同じ有理式が m 回生じると, 互いに異なる有理式もそれぞれm回ずつ生ずる——という性質はラグランジュが発見している.

ルフィニは, これに着目する.

六本松 n 次方程式の根の有理式で根の置換をするとき, その有理式を変えない置換がゼンブで m 個あると, 互いに違う有理式の個数は n の階乗を m で割ったものになるから, 補助方程式の次数は, この m で決定する.

箱崎 そうすると, 根の有理式を作って, それを変えない置換を探したのですか.

根の有理式は, いくらでも, ありますが.

香山 根の有理式を変えない置換の全体に注目する.

そのような置換を二つ続けた置換を問題の有理式でしても, 問題の有理式は変わらないな.

箱崎　置換の積ですね．

香山　問題の置換の集合には――それに属する任意の二つの置換の積は，常に，その集合に属する――という特徴がある．

この性質を持つ置換の集合を《permutazione》と，ルフィニは名付ける．置換群の概念は，ここに，誕生する．――このページだ．

六本松　ラテン語もイタリア語も，もうタクサン！

箱崎　ルフィニは，5次の置換群の位数をゼンブ見つけよう，としたわけですね．

香山　その過程で，置換群に関する重要な概念，たとえば，巡回群・可遷群・原始群などを導入している．

まだ，置換も記号化されていない時代だし，苦心の末に――5次の置換群の位数で，24より大きいものは，60と120の二つに限る――を発見する．

六本松　5次方程式の代数的解法で，補助方程式の次数が5より小さいのは，2次か1次！

香山　ルフィニは，この事実から《5次方程式には代数的解法による根の公式は存在しない》を予見する．

箱崎　置換の記号化は，何時ですか？

香山　1815年の，コーシーの論文に始まる：

Mémoire sur le nombre des valeurs qu'une function peut acquérir, lorsqu'on y permute de toutes les manières possibles les quantités qu'elle renferme

この論文の目的は，ルフィニの結果の拡張にある．

六本松　序文のところに，“Depuis ce temps, quelques géomètres italiens se sont occupés avec succès de cette matière et, particulièrement, M. Ruffini……”と，書いてある．

香山　さき程の，ルフィニの結果を，有理式の立場から述べると？

箱崎　5変数の有理式で，変数の置換をするときに出来る互いに違う式の個数で，5より小さいのは2か1である——です.

香山 n 個の文字の有理式で，文字の置換をする．そのとき生ずる互いに異なる有理式の個数で，n を超えない最大素数より小さいものは，2または1である——と，一般化している.

置換の記号化は，ここだ.

六本松 "Pour indiquer cette *substitution,* j'écrirai les deux permutations entre parenthèses en plaçant le première au-dessus de la seconde ; ainsi, par exemple, la substitution

$$\begin{pmatrix} 1. & 2. & 4. & 3. \\ 2. & 4. & 3. & 1. \end{pmatrix}$$

indiquera que l'on doit substituer, dans K, l'indice 2 à l'indice 1, l'indice 4 à l'indice 2, l'indice 3 à l'indice 4 et l'indice 1 à l'indice 3. Si donc on supposait, comme ci-dessus,

$$\mathrm{K} = a_1 a_2{}^m \cos a_4 + a_4 \sin a_3,$$

en désignant par K′ la nouvelle valeur de K obtenue par la substitution

$$\begin{pmatrix} 1. & 2. & 4. & 3. \\ 2. & 4. & 3. & 1. \end{pmatrix},$$

on aurait

$$\mathrm{K}' = a_2 a_4{}^m \cos a_3 + a_3 \sin a_1.\text{"}$$

箱崎 フランス語はダメですが，この数学は分かりました.

香山 コーシーは，置換群を《système de substitutions conjuguées》と，よんでいる.

箱崎 行列も，いろんな，よび方がありましたね.

香山 ルフィニの《不可能の証明》には，色々と，不備が指摘される.

修正に修正を重ね，ルフィニは，1813年には，ほとんど完全な証明へ到達する.

六本松　ほとんど？

香山　5次の一般方程式が代数的に解けるなら，その際，補助方程式は根の有理式を根に持つ——という仮定から矛盾を導く．

しかし，この仮定を証明していない．

箱崎　ラグランジュの場合は，そんな補助方程式を探していたので証明はいらなかったけど，ルフィニの場合は，背理法の原点にしたので証明が必要なんですね．

香山　この仮定を証明し，《不可能の証明》を完成したのが……

六本松　アーベル！

香山　1824年に，

Mémoire sur les équations algébrique, ou l'on démontre l'impossibilité de la résolution de l'équation générale du cinqième degré

という，自費出版のパンフレットで発表する．

六本松　《代数方程式について，5次の一般方程式の解法の不可能の証明》．

香山　さらに詳細に書き改め，数学雑誌に発表したのが，1826年の

Démonstration de l'impossibilité de la résolution algébrique des équations générales qui passent le quatrième degré

という論文だ．

六本松　《4より高次の一般方程式の代数的解法の不可能の証明》．

箱崎　1824年には5次の場合について，1826年には5次以上の場合について，不可能の証明をしたんですね．

香山　標題からの誤解だ．『数学辞典』の初版にもソンナことが書いてあるが，1824年の論文の最後には……

六本松　“Il suit immédiatement de ce théorème qu'il est de même impossible résoudre par des radicaux les équations générales des degrés supérieurs cinquième.”

5次以上の一般方程式の累乗根による解法が同じように不可能なことは，この定理から明らかである——と書いてある．《この定理》というのは，5次の一般方程式の代数的解法が不可能なこと．

箱崎　どうして，明らか？

六本松　たとえば，6次方程式

$$ax^6+bx^5+cx^4+dx^3+ex^2+fx+g=0$$

の根の公式があると，gが零のときもソノ公式は使えるハズで，そのとき，もとの方程式は

$$x(ax^5+bx^4+cx^3+dx^2+ex+f)=0$$

だから，5次方程式

$$ax^5+bx^4+cx^3+dx^2+ex+f=0$$

の根の公式があることになって，オカシイ．

香山　アーベルの証明で，置換群の性質を必要としているのは，さき程のコーシーの結果で……

六本松　“La démonstration de ce théorème est prise d'un mémoire de M. *Cauchy*…….” と，コーシーの論文を引用してる．

香山　5次以上の方程式には，代数的解法による，根の公式は存在しないことは確認されたが，具体的な方程式には代数的に解けるものもある．

そこで，複素係数方程式の代数的可解性を，どのようにして判定するか，が問題となる．

それを達成したのが……

六本松　ガロア！

香山　1831年1月16日という日付のある，論文

Mémoire sur les conditions de résolubilité des équations par radicaux

でだ．

六本松　《方程式の累乗根による可解性の条件について》．

香山　問題の判定法は，《groupe de l'équation》とガロアがよぶ，置換群の性質へ帰着される．この定理で，導入する．

六本松　"THÉORÈME. Soit une équation donnée, dont a, b, c, $\cdots$ sont les m racines. Il y aura toujours un groupe de permutations des lettres a, b, c, $\cdots$ qui jouira de la propriété suivante:

1° Que toute fonction des racines, invariable par les substitutions de ce groupe, soit rationnellement connue;

2° Réciproquement, que toute fonction des racines, déterminable rationnellement, soit invariable par les substitutions."

方程式が与えられ，$a, b, c, \cdots$ をその m 個の根とする．文字 $a, b, c, \cdots$ の順列の群で，次の性質を持つものが，常に存在する：

1° この群の置換によって不変な，根の関数はすべて有理的に求まる．

2° 逆に，有理的に決定される，根の関数はすべて，この置換によって不変である．

香山　根の《関数》とは根の《有理式》のこと，《有理的に》とは，与えられた方程式の係数から《加・減・乗・除で》ということだ．

置換によって《不変》とは，根の有理式の《値》が，変わらない，ことだ．

問題の群は，証明の中で，具体的に与えられている．

六本松　"Quelle que soit l'équation donnée, on pourra trouver une fonction rationnelle V des racines, telle que toutes les racines soient fonctions rationnelles de V. Cela posé, considérons l'équation irréductible dont V est racine (lemmes Ⅲ et Ⅳ). Soient V, V', V'', $\cdots$, $V^{(n-1)}$ les racines de cette équation.

Soient φV, $\varphi_1 V$, $\varphi_2 V$, $\cdots$, $\varphi_{m-1} V$ les racines de la proposée.

Écrivons les n permutations suivantes des racines:

$$(V),\quad \varphi V,\quad \varphi_1 V,\quad \varphi_2 V,\quad \cdots\cdots,\quad \varphi_{m-1} V,$$
$$(V'),\quad \varphi V',\quad \varphi_1 V',\quad \varphi_2 V',\quad \cdots\cdots,\quad \varphi_{m-1} V',$$

$$
\begin{array}{llllll}
(V''), & \varphi V'', & \varphi_1 V'', & \varphi_2 V'', & \cdots\cdots, & \varphi_{m-1} V'', \\
\cdots\cdots, & \cdots\cdots, & \cdots\cdots, & \cdots\cdots, & \cdots\cdots, & \cdots\cdots\cdots, \\
(V^{(n-1)}), & \varphi V^{(n-1)}, & \varphi_1 V^{(n-1)}, & \varphi_2 V^{(n-1)}, & \cdots\cdots, & \varphi_{m-1} V^{(n-1)}:
\end{array}
$$

Je dis que ce groupe de permutations jouit de la propriété énoncée."

サッパリ，分かんない．

香山　重根を持たない，複素係数の代数方程式が与えられると，その方程式の根の有理式で，次の性質を持つものが求まる：与えられた方程式の各根が，問題の有理式の，有理式で表される——という．

箱崎　それが V ですね．

香山　このことは，補題 III で示している．

六本松　与えられた方程式の根を，V の有理式で表したのが，$\varphi V, \varphi_1 V, \varphi_2 V, \cdots, \varphi_{m-1} V$ か．

香山　次に，V を根とする既約方程式を作る．この既約方程式の根を……

箱崎　$V, V', V'', \cdots, V^{(n-1)}$ がソウなんですね．

香山　とすると，各 i について，

$$\varphi V^{(i)},\ \varphi_1 V^{(i)},\ \varphi_2 V^{(i)},\ \cdots,\ \varphi_{m-1} V^{(i)}$$

は，与えられた方程式の m 個の根となる．

このことは補題 IV で示している．

箱崎　それで，これはm個の根 $a, b, c, \cdots$ の順列で，問題の置換群は……

六本松　単位置換

$$\begin{pmatrix} \varphi V & \varphi_1 V & \varphi_2 V & \cdots & \varphi_{m-1} V \\ \varphi V & \varphi_1 V & \varphi_2 V & \cdots & \varphi_{m-1} V \end{pmatrix}$$

と，$n-1$ 個の置換

$$\begin{pmatrix} \varphi V & \varphi_1 V & \varphi_2 V & \cdots & \varphi_{m-1} V \\ \varphi V^{(i)} & \varphi_1 V^{(i)} & \varphi_2 V^{(i)} & \cdots & \varphi_{m-1} V^{(i)} \end{pmatrix}$$

の全体．

香山　証明の終わりを見ると？

六本松　“Nous appellerons groupe de l'équation le groupe en question.”

問題の群を，方程式の群という——か．

箱崎　《群》というのは《groupe》の訳なんですね．

ガロアの場合は，まだ，置換群ですが．

香山　この論文は，粗筋だけのものだ．

そこで，ガロアの理論を厳密に構成する努力が続けられる．その成果は，数学の他の分野にも大きく影響し，しだい次第に，現在用いられている，群の概念が形成されること，となる．

置換群より，より抽象的な群は，ケーリーが初めて導入する．1854年のことだ．

六本松　マタ・また，ケーリー先生！

群と乗積表

香山　この論文だ．

箱崎　標題は

On the theory of groups, as depending on the symbolic equation $\theta^n=1$

ですね．

六本松　“A set of symbols,

$$1,\ \alpha,\ \beta,\ \cdots$$

all of them different, and such that the product of any two of them (no matter in what order), or the product of any one of them into itself, belongs to the set, is said to be a *group*.”

高校で習ったのとも，教科書の定義とも，だいぶ違う．

箱崎 集合 G の元 a, b に対して，積と称する第三の元（これを ab で表す）が定まり，つぎの公理を満すとき，G は群であるという：

(i) $(ab)c=a(bc)$.

(ii) 単位元と称する特別な元 e がただ一つ存在して，G のすべての元 a に対して，

$$ea=a$$

が成り立つ.

(iii) G の任意の元 a に対して，

$$xa=e$$

となるような G の元 x がただ一つ存在する．これを a の逆元といい a^{-1} で表す.

——教科書の定義はコウですから……

香山 《積》を写像の立場で眺めると？

箱崎 $G\times G$ から G への写像ですね．行列のとき，おっしゃったように.

香山 単位元や逆元の一意性は，存在だけから導ける，ことも知っているな.

箱崎 教科書の定義の《積と称する第三の元が定まる》というのは，高校で習った定義の (1) と同じことだと思いますが，これはケーリーの定義にもありますね.

六本松 でも，結合法則・単位元・逆元のことは，何も書いていない.

香山 定義の前に，《symbol》の説明が，あるな.

箱崎 “Let θ be a symbol of operation, which may, if we please, have for its operand, not a single quantity x, but a system $(x, y, \cdots)$, so that

$$\theta(x, y, \cdots)=(x', y', \cdots),$$

where $x', y', \cdots$ are any functions whatever of $x, y, \cdots$, it is not even necessary that $x', y', \cdots$ should be the same in number with $x, y, \cdots$.”

六本松 “In particular x', y', &c. may represent a permutation of

$x, y,$ &c., θ is in this case what is termed a substitution; and if, instead of a set $x, y, \cdots,$ the operand is a single quantity $x,$ so that $\theta x = x' = fx,$ θ is an ordinary functional symbol."

箱崎 "It is not necessary (even if this could be done) to attach any meaning to a symbol such as $\theta \pm \phi$, or to the symbol 0, nor consequently to an equation such as $\theta = 0$, or $\theta \pm \phi = 0$; but the symbol 1 will naturally denote an operation which (either generally or in regard to the particular operand) leaves the operand unaltered, and the equation $\theta = \phi$ will denote that the operation θ is (either generally or in regard to the particular operand) equivalent to ϕ, and of course $\theta = 1$ will in like manner denote the equivalence of the operation θ to the operation 1."

ケーリーの定義で，《1》は，単位元ですね.

六本松 "A symbol $\theta\phi$ denotes the compound operation, the performance of which is equivalent to the performance, first of the operation ϕ, and then of the operation θ; $\theta\phi$ is of course in general different from $\phi\theta$.

But the symbols $\theta, \phi, \cdots$ are in general such that $\theta . \phi\chi = \theta\phi . \chi$, &c., so that $\theta\phi\chi$, $\theta\phi\chi\omega$, &c. have a definite signification independent of the particular mode of compounding the symbols $\cdots$"

結合法則も仮定してある.

箱崎 "What precedes may be almost entirely summed up in the remark, that the distributive law has no application to the symbols $\theta\phi \cdots$; and that these symbols are not in general convertible, but are associative."

チャンと，要約してありますね.

六本松 でも，逆元は……

香山 “Suppose that the group

$$1, \alpha, \beta, \cdots$$

contains n symbols, it may be shown that each of these symbols satisfies the equation

$$\theta^n = 1\,;$$

so that a group may be considerd as representing a system of roots of this symbolic binomial equation.”——と，あるな.

この立場から，n が与えられたとき，位数 n の群にはドンナ種類があるかを，この論文で，考察している.

六本松 有限群の構造!

香山 だから，ケーリーの場合，対象は有限集合だ.

有限集合で，結合法則が成り立ち，単位元が存在すると……

箱崎 逆元は，自動的に，存在しますね.

香山 ルフィニからガロアまでの群概念でも……

箱崎 対称群の部分集合で積に関して閉じてるものですから，結合法則は成り立ち，単位元も逆元も存在しますね.

香山 定義の続きは？

六本松 “It follows that if the entire group is multiplied by any one of the symbols, either as further or nearer factor, the effect is simply to reproduce the group; or what is the same thing, that if the symbols of the group are multiplied together so as to form a table, thus:

Further factors

Nearer factors	1	α	β	$\cdot\cdot$
1	1	α	β	$\cdot\cdot$
α	α	α^2	$\beta\alpha$	
β	β	$\alpha\beta$	β^2	
	$\vdots$			

that as well each line as each column of the square will contain all the symbols $1, \alpha, \beta, \cdots$."

群の乗積表も，ケーリーが最初！ でも，掛け方が教科書のとは反対．

箱崎 乗積表の説明のあとに，さっき先生がおっしゃったことが書いてあって，その続きは——

"It is, moreover, easy to show that if any symbol α of the group satisfies the equation $\theta^r=1$, where r is less than n, then r must be a submultiple of n; it follows that when n is a prime number, the group is of necessity of the form

$$1, \alpha, \alpha^2, \cdots, \alpha^{n-1}, (\alpha^n=1);$$

and the same may be (but is not necessarily) the case, when n is a composite number."

六本松 "But whether n be prime or composite, the group, *assumed to be of the form in question,* is in every respect analogous to the system of the roots of the ordinary binomial equation $x^n-1=0$; thus, when n is prime, all the roots (except the root 1) are prime roots; but when n is composite, there are only as many prime roots as there are numbers less than n and prime to it, &c,"

位数 n の置換群の元は n 乗するとドレも単位置換になること，つまり，方程式 $x^n=1$ を満足することが，この論文を書くようになった動機！

箱崎 "The distinction between the theory of the symbolic equation $\theta^n=1$, and that of the ordinary equation $x^n-1=0$, presents itself in the very simplest case, $n=4$. For, consider the group

$$1, \ \alpha, \ \beta, \ \gamma,$$

which are a system of roots of the symbolic epuation

$$\theta^4=1."$$

位数4の群を決定しよう，というんですね．

六本松 "There is, it is clear, at least one root β, such that $\beta^2=1$; we may therefore represent the group thus,

$$1,\ \alpha,\ \beta,\ \alpha\beta\ (\beta^2=1);$$

then multiplying each term by α as further factor, we have for the group $1, \alpha^2, \alpha\beta, \alpha^2\beta$, so that α^2 must be equal either to β or else to 1."

《$1, \alpha^2, \alpha\beta, \alpha^2\beta$》の《1》は《$\alpha$》のミスプリント！

箱崎 "In the former case the group is

$$1,\ \alpha,\ \alpha^2,\ \alpha^3\ (\alpha^4=1),$$

which is analogous to the system of roots of the ordinary equation $x^4-1=0$. For the sake of comparison with what follows, I remark, that, representing the last-mentioned group by

$$1,\ \alpha,\ \beta,\ \gamma,$$

we have the table

	1,	α,	β,	γ
1	1	α	β	γ
α	α	β	γ	1
β	β	γ	1	α
γ	γ	1	α	β

......"

この場合は，巡回群ですね.

六本松 "If, on the other hand, $\alpha^2=1$, then it is easy by similar reasoning to show that we must have $\alpha\beta=\beta\alpha$, so that the group in this case is

$$1,\ \alpha,\ \beta,\ \alpha\beta,\ (\alpha^2=1,\ \beta^2=1,\ \alpha\beta=\beta\alpha);$$

or if we represent the group by

$$1,\ \alpha,\ \beta,\ \gamma,$$

we have the table

	1	α	β	γ
1	1	α	β	γ
α	α	1	γ	β
β	β	γ	1	α
γ	γ	β	α	1

or, if we please, the symbols are such that

$$\alpha^2=\beta^2=\gamma^2=1,$$
$$\alpha=\beta\gamma=\gamma\beta,$$
$$\beta=\gamma\alpha=\alpha\beta,$$
$$\gamma=\alpha\beta=\beta\alpha\,;$$

[and we have thus a group essentially distinct from that of the system of roots of the ordinary equation $x^4-1=0$]."

もう一つの場合が，クラインの4元群．

《$\beta=\gamma\alpha=\alpha\beta$》の《$\alpha\beta$》は《$\alpha\gamma$》のミスプリント．

箱崎　クラインよりケーリーが早いんですね．

六本松　それなのに，アア，それなのに，《ケーリーの》4元群とは，何故いわない？

香山　4元群の具体的な例があるな．

六本松　"Systems of this form are of frequent occurrence in analysis, and it is only on account of their extreme simplicity that they have not been expressly remarked. For instance, in the theory of elliptic functions, if n be the parameter, and

$$\alpha(n)=\frac{c^2}{n},\quad \beta(n)=-\frac{c^2+n}{1+n},\quad \gamma(n)=-\frac{c^2(1+n)}{c^2+n},$$

then α, β, γ form a group of the species in question."

α, β, γ は n の分数式だから，単位元は $1(n)=n$ で——$1, \alpha, \beta, \gamma$ は，分数

式の合成に関して，4元群.

箱崎　行列の例も，ありますね.

"Again, in the theory of matrices, if I denote the operation of inversion, and tr that of transposition, (I do not stop to explain the term as the example may be passed over), we may write

$$\alpha=I,\ \beta=\mathrm{tr},\ \gamma=I.\mathrm{tr}=\mathrm{tr}.I."$$

逆行列を求める操作と，行列の転置という操作から，4元群が作れるんですね.

香山　ケーリーの論文にはないが，よく見かける例は？

六本松　教科書の例は——正方形ではない，長方形 $ABCD$ の対称軸 XX' による折り返しを α，それから対称軸 YY' による折り返しをβとすると，

$$1,\ \alpha,\ \beta,\ \alpha\beta$$

は4元群.

単位元1は恒等変換.

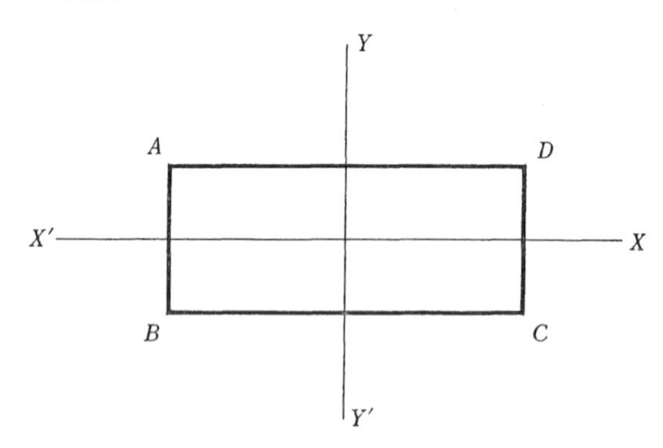

香山　このような《折り返し》とか《回転》とかいったものの群は，クラインの著書

Vorlesungen über das Ikosaeder und die Auflösung der Gleichungen vom fünften Grade

で，世間に普及する.

1884年のことだ．

六本松　それで，《クライン》の4元群．

箱崎　1884年は明治17年で，日本にテニスが入って来た年ですね．

それから，行列論の論文で，n乗して単位行列になる行列，つまり，《periodic matrix》を考えてるのは，この群の論文の延長なんですね．

群とグラフ

香山　化学の単位を落したことがある．

箱崎　先生が，ですか!?

香山　化学に限らず，よくサボった．

試験に出たら，亀の甲を書く問題がズラリと並んでいる．お手上げだった．

六本松　サボっちゃ，いけない！

香山　化学の大好きな数学者が，いる．

六本松　シ，シ，シルヴェスターか，ケーリーか？

香山　ケーリーだ．

化学の学生に講義したこともある．それが論文となっている．これだ．

箱崎　標題は，

On the analytical forms called trees, with application to the theory of chemical combinations

で，1875年の発表ですね．

六本松　"I have in two papers "On the Analytical forms called Trees," *Phil. Mag.* vol. XIII. (1857), pp. 172–176, [203], and ditto, vol. XX. (1859), pp. 374–378, [247], considered this theory; and in a paper "On the Mathematical Theory of Isomers," ditto, vol. XLVII. (1874), p. 444 [586], pointed out its connexion with modern chemical theory."

箱崎 “In particular, as regards the paraffins C_nH_{2n+2}, we have n atoms of carbon connected by $n-1$ bands, under the restriction that from each carbon-atom there proceed at most 4 bands (or in the language of the papers first referred to, we have n knots connected by $n-1$ branches), in the form of a tree; for instance, $n=5$, such forms (and the only such forms) are

”

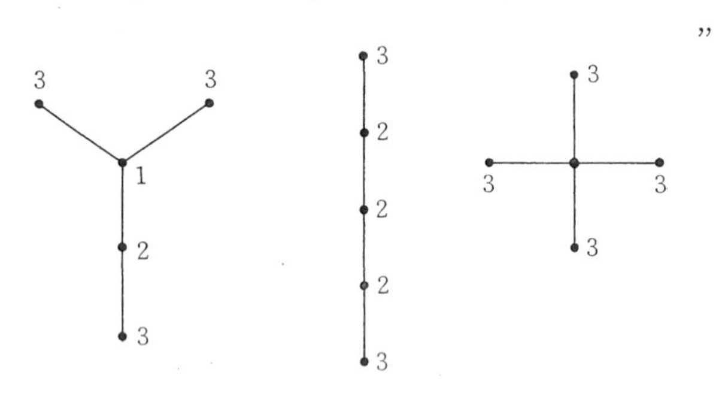

炭素と水素の結合状態を考えてる，ようですね.

香山 n 個の炭素原子を持つ飽和炭化水素 C_nH_{2n+2} の異性体を数え上げよう——というのが，この論文の目的だ.

六本松 この図は，《グラフ理論》の本なんかで，よく見かける.

香山 ケーリーは，《グラフ理論》開祖の一人だ.

序文にあった第一の論文で，変数変換の微分に関する問題から，《樹木》の理論を始める.

箱崎 《樹木》は《tree》の訳ですね.

香山 この思想を，群論へも，適用する.

この論文だ.

六本松 標題は，

On the theory of groups

で，1878年の発表.

箱崎 “I RECAPITULATE the general theory so far as is necessary in order to render intelligible the quasi-geometrical representation of it which will be given."

群を，幾何学的に，見やすく表すのが，この論文の目的なんですね．

六本松　群とか乗積表とかの復習をして，それから，位数が 12 の群を図で表してる．

"I represent this by a diagram, the lines of which were red and black, and they will be thus spoken of, but the black lines are in the woodcut continuous lines, and the red lines broken lines:

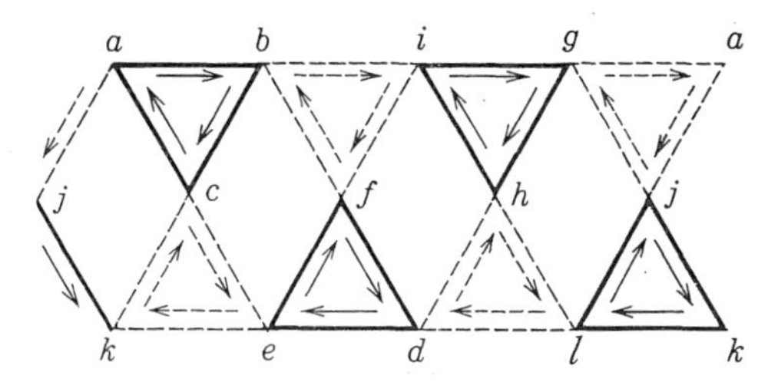

each face indicates a cyclical substitution, as shown by the arrows."

箱崎　問題の群の乗積表は，

a	b	c	d	e	f	g	h	i	j	k	l
b	c	a	e	f	d	h	i	g	k	l	j
c	a	b	f	d	e	i	g	h	l	j	k
d	l	h	a	g	j	e	c	k	f	i	b
e	j	i	b	h	k	f	a	l	d	g	c
f	k	g	c	i	l	d	b	j	e	h	a
g	f	k	l	c	i	j	d	b	a	e	h
h	d	l	j	a	g	k	e	c	b	f	i
i	e	j	k	b	h	l	f	a	c	d	g
j	i	e	h	k	b	a	l	f	g	c	d
k	g	f	i	l	c	b	j	d	h	a	e
l	h	d	g	j	a	c	k	e	i	b	f

ですね．

六本松　ゼンゼン，分かんない．

箱崎　教科書には，ありません．

香山　簡単な例で，説明しよう．

位数4の群は，二種類あったな．

箱崎　一つは，

$$1,\ \alpha,\ \alpha^2,\ \alpha^3\ (\alpha^4=1),$$

という巡回群です．

香山　これは，次のグラフで表される：

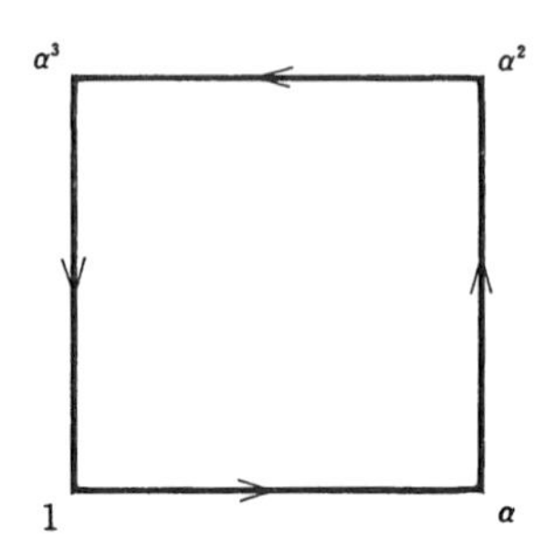

箱崎　群の元は，グラフの頂点で表すんですね．

六本松　矢印は，α を掛けること．

箱崎　もう一つは，4元群

$$1,\ \alpha,\ \beta,\ \alpha\beta\ (\alpha^2=1,\ \beta^2=1,\ \alpha\beta=\beta\alpha),$$

です．

香山　これは，二つの組

$$\begin{matrix} 1 & \alpha \\ \beta & \alpha\beta(=\beta\alpha) \end{matrix}$$

と分けられる．

それぞれの組の元は，その左側の元に，α を右から乗じて得られる．また，下方の組の元は，その上にある元に，β を右から乗じて得られる．

そこで，この群のグラフは，次のようになる：

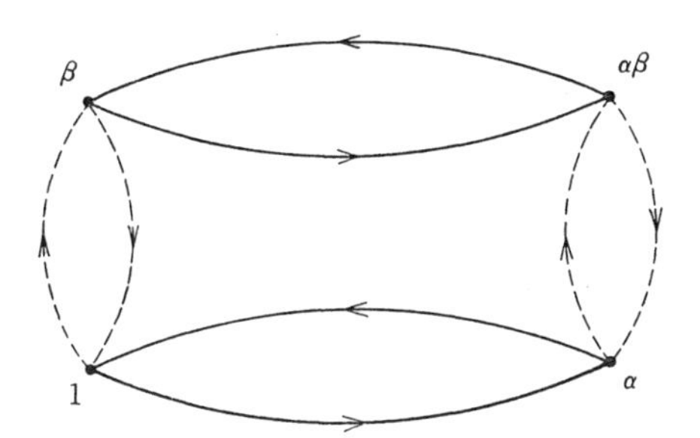

六本松　実線の矢印《—>—》は，α を右から掛けること．点線の矢印《--->--》は，β を右から掛けること．

箱崎　α, β は生成元，つまり，4元群の元が

$$\alpha^m \beta^n \ (m, n=0, 1)$$

と書けるから，こんなグラフになるんですね．

香山　一般に，頂点が元に対応し，線分が生成元を右から乗ずることに対応する，そんな有向線分の図で群を表示しよう——というのが，ケーリーのアイデアだ．

このグラフはケーリー図型とよばれている．

箱崎　違う生成元の掛け算は違う色で表そう，とケーリーはしたんですね．

六本松　分かった．

ケーリーの例では，b と j が生成元にとれて，実線の矢印は b を右から掛けること，点線の矢印は j を右から掛けること，になってる．

香山　いま一つ，練習しておこう．

教科書の書き方での乗積表

	1	α	β	γ	δ	ε
1	1	α	β	γ	δ	ε
α	α	β	1	ε	γ	δ
β	β	1	α	δ	ε	γ
γ	γ	δ	ε	1	α	β
δ	δ	ε	γ	β	1	α
ε	ε	γ	δ	α	β	1

で与えられる，位数6の群のケーリー図型は？

箱崎　えーと，$1, \alpha, \beta$ と $\gamma, \delta, \varepsilon$ が，それぞれ，一かたまりになってますね.

そして，

$$\alpha^2=\beta, \quad \alpha^3=1$$

ですね.

六本松　それから，

$$\gamma^2=1, \quad \delta=\gamma\alpha, \quad \varepsilon=\gamma\beta$$

だから，α と γ が生成元で，この群は

$$\begin{array}{ccc} 1 & \alpha & \alpha^2 \\ \gamma & \gamma\alpha & \gamma\alpha^2 \\ & \| & \| \\ & \alpha^2\gamma & \alpha\gamma \end{array}$$

と分けられる.

箱崎　それで，この群のケーリー図型は，

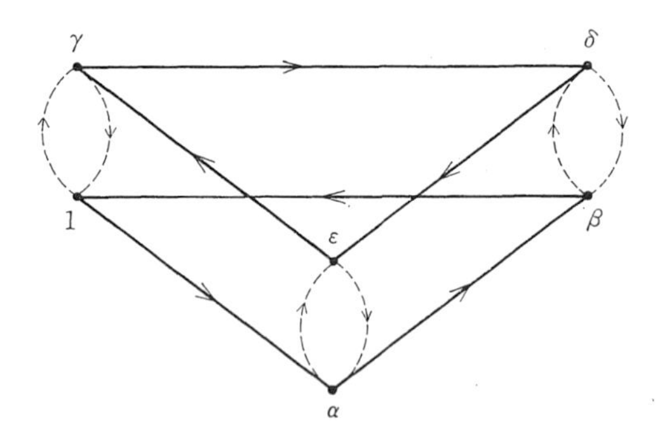

です.

群の置換表現

香山　ケーリーの思想を，いま暫く，追跡しよう.

さき程の論文

On the theory of groups

のココだ……

箱崎 "A group is defined by means of the laws of combinations of its symbols. For the statement of these we may either (by the introduction of powers and products) diminish as much as may be the number of distint functional symbols ; or else, using distinct letters for the several terms of the group, employ a square diagram, as presently mentioned."

群は元の間の結合関係で定義され，その結合関係を表すのに，二つ，方法がある——というんですね．

六本松 一つは，出来るだけ少ない元を使う，というので——

"Thus, in the first mode, a group is $1, \beta, \beta^2, \alpha, \alpha\beta, \alpha\beta^2$ ($\alpha^2=1, \beta^3=1, \alpha\beta=\beta^2\alpha$), where observe that these conditions imply also $\alpha\beta^2=\beta\alpha$."

この例は，さっきグラフを書いた群と同型．

箱崎 もう一つは，乗積表で，そのときはゼンブの元を使いますね．

"Or in the second mode, calling the symbols $(1, \alpha, \beta, \alpha\beta, \beta^2, \alpha\beta^2)$ of the same group $(1, \alpha, \beta, \gamma, \delta, \varepsilon)$, or, if we please, (a, b, c, d, e, f), the laws of combination are given by one or other of the square diagrams:

	1	α	β	γ	δ	ε
1	1	α	β	γ	δ	ε
α	α	1	γ	β	ε	δ
β	β	ε	δ	α	1	γ
γ	γ	δ	ε	1	α	β
δ	δ	γ	1	ε	β	α
ε	ε	β	α	δ	γ	1

,

a	b	c	d	e	f
b	a	d	c	f	e
c	f	e	b	a	d
d	e	f	a	b	c
e	d	a	f	c	b
f	c	b	e	d	a

where, taking for greater symmetry the second form of the square, observe that the square is such that no letter occurs twice in the same line, or in the same column (or what is the same thing, each of the lines and of the columns contain all the letters)."

六本松 "But this is not sufficient in order that the square may represent a group; the square must be such that the substitutions by means of which its several lines are derived from any line thereof are (in a different order) the same substitutions by which the lines are derived from a particular line, or say from the top line."

乗積表の各行と各列には，群の元がゼンブ現れる．このことは，ある表が群の乗積表になるための必要条件ではあるけれど，十分条件ではない．

乗積表の第一行を，乗積表の各行に置き換える，置換の全体が群になることが，必要十分．

箱崎 右側の乗積表で，その置換を具体的に求めてますね．

"These, in fact, are:

$$\begin{array}{l} 1 \\ ab.\ cd.\ ef, \\ ace.\ bfd, \\ ad.\ be.\ cf, \\ aec.\ bdf, \\ af.\ bc.\ de, \end{array}$$

where, for shortness, ab, ace, &c., are written instead of (ab), (ace), &c., to denote the cyclical substitutions a into b, b into a; and a into c, c into e, e into a, &c.; and it is at once seen that by the same substitutions the lines may be derived from any other line."

たとえば，二番目の

$$ab.\ cd.\ ef$$

は，右側の乗積表で，第一行を第二行に置き換える

$$\begin{pmatrix} a & b & c & d & e & f \\ b & a & d & c & f & e \end{pmatrix}$$
$$=\begin{pmatrix} a & b \\ b & a \end{pmatrix}\begin{pmatrix} c & d \\ d & c \end{pmatrix}\begin{pmatrix} e & f \\ f & e \end{pmatrix}$$
$$=(a\ b)(c\ d)(e\ f)$$

ですね.

六本松　"It will be noticed that in the foregoing substitution-group each substitution is *regular*, that is, composed of cyclical substitutions each of the same number of letters; and it is easy to see that this property is a general one; each substitution of the substitution-group must be regular."

群の乗積表から作った置換は《regular》，つまり，巡回置換の積に分解するとき，巡回置換は同じ個数の文字を含む——これは知らなかった.

箱崎　問題の置換は，教科書の書き方だと，

$$\begin{pmatrix} a & b & c & d & e & f \\ xa & xb & xc & xd & xe & xf \end{pmatrix}$$

という形ですね.

x は，問題の群の，任意の元です.

六本松　乗積表の各行は，第一行に群の元を左から掛けたもの，だから.

箱崎　これが単位置換ではないとき，つまり，x が単位元ではないときは，必ず巡回置換に分解されますが——たとえば，長さ3の巡回置換

$$(abc)$$

が現れると，

$$b=xa,\quad c=xb,\quad a=xc$$

から，

$$b=xa,\quad c=x^2a,\quad a=x^3a$$

ですから，x の位数は3です．

六本松　x は3乗して，初めて，単位元になる．

そうでないと，$b=a$ とか，$c=a$ とかなって，長さ3の巡回置換にならない．

箱崎　x の位数が3だと，外の巡回置換の長さも，3ですね．

六本松　巡回置換 (abc) に含まれない元，d から始めると，

$$d \longrightarrow xd \longrightarrow x^2d \longrightarrow x^3d=d$$

という，長さ3の巡回置換が作れる．

箱崎　一般的に，x の位数が m のとき，問題の置換は，長さ m の巡回置換の積に分解されますね．

香山　論文へ返ろう．

箱崎　"By what precedes, the group of any order composed of the functional symbols is replaced by a substitution-group upon a set of letters the number of which is equal to the order of the group, and wherein all the substitutions are regular."

群は，その位数と同じ個数の文字についての，置換群で，置き換えられる――と，いうんですね．

六本松　有限群を置換で表現する，という思想のハシリ！

香山　詳しく，いうと？

六本松

$$G=\{a_1, a_2, \cdots, a_n\}$$

を位数 n の群とする．この群 G に対して，

$$H=\left\{\begin{pmatrix} a_1 & a_2 & \cdots & a_n \\ a_ja_1 & a_ja_2 & \cdots & a_ja_n \end{pmatrix} \middle| j=1, 2, \cdots, n\right\}$$

を作る．

このとき，H は n 次の対称群の部分群になる．

そして，G と H は，群として，同型．

箱崎　G から H の上への同型写像は，

$$a_j \longmapsto \begin{pmatrix} a_1 & a_2 & \cdots & a_n \\ a_j^{-1}a_1 & a_j^{-1}a_2 & \cdots & a_j^{-1}a_n \end{pmatrix} \quad (a_j \in G)$$

です.

六本松　つまり，G の元 a_j は，置換

$$\begin{pmatrix} a_1 & a_2 & \cdots & a_n \\ a_j^{-1}a_1 & a_j^{-1}a_2 & \cdots & a_j^{-1}a_n \end{pmatrix}$$

で具体的に表される.

箱崎　4元数

$$a+bi+cj+dk$$

を，行列

$$\begin{pmatrix} a+di & b+ci \\ -b+ci & a-di \end{pmatrix}$$

で表現したのと，同じ要領ですね.

香山　ケーリーは，機会ある毎に，この思想を説く.

たとえば，コレだ……

箱崎　標題は，

The theory of groups

で，1878年の出版ですね.

六本松　"The general problem is to find all the groups of a given order n; thus if $n=2$, the only group is $1, \alpha$ $(\alpha^2=1)$; if $n=3$, the only group is $1, \alpha, \alpha^2$ $(\alpha^3=1)$; if $n=4$, the groups are $1, \alpha, \alpha^2, \alpha^3$ $(\alpha^4=1)$, and $1, \alpha, \beta, \alpha\beta$ $(\alpha^2=1, \beta^2=1, \alpha\beta=\beta\alpha)$; if $n=6$, there are three groups, a group $1, \alpha, \alpha^2, \alpha^3, \alpha^4, \alpha^5$ $(\alpha^6=1)$, and two groups $1, \beta, \beta^2, \alpha, \alpha\beta, \alpha\beta^2$ $(\alpha^2=1, \beta^2=1)$; viz. in the first of these $\alpha\beta=\beta\alpha$, while in the other of them (that mentioned above) we have $\alpha\beta=\beta^2\alpha$, $\alpha\beta^2=\beta\alpha$."

箱崎　"But although the theory as above stated is a general one, including as a particular case the theory of substitutions, yet the general problem of finding all the groups of a given order n, is really identical with the apparently less general problem of finding all the groups of the same order n, which can be formed with the substitutions upon n letters; ……"

香山　群概念の形成に大きな影響を与える，ケーリーの業績が，いま一つ，ある．

クヮンティィックス

香山　先日，オリエンテーリングに行った．

箱崎　地図と磁石による森のスポーツ――ですね．

香山　《オリエンテーリングは，地図上に示された，いくつかの地点（ポストおよびゴール）を，できるだけ短い時間に探しあてる競技である》と，1963年，ライプチヒで行われたIOF第2回会議では，定義している．

六本松　要するに，《高等山あるき》．

香山　子供にせがまれて，参加した．

六本松　子供にひかれて，オリエンテーリングまいり！

香山　第一と第二のポストは，無事，通過する．

第三のポストへの途中，険しい山にかかる．道なき道を10分も登ったろうか――後から大きな声がかかる．「この道を行くと第三のポストから離れます．すぐに，引き返して下さい．」主催者側の係員だった．

六本松　迷子！

香山　磁石はソノ方向を指している．ふた組ものパーティが，僕等のあとについている．自信は満々だったのだが……

箱崎　地図の見方が，甘いんですね．

香山　将校を養成する《斥候訓練》から，オリエンテーリングという民間のスポーツが生まれる．

1850年，北欧での，ことだ．

箱崎　シルヴェスターが，行列の概念を導入した，年ですね．

香山　地図と関連する数学は？

六本松　幾何．

香山　群概念の形成に大きな影響を与える，ケーリーの，いま一つ，の業績は，幾何学に関するものだ．

《Theory of quantics》と，ケーリーが自称するものだ．

六本松　クヮンティックス？

香山　コレだ．

箱崎　標題は，

An introductory memoir upon quantics

で，1854年に発表してますね．

六本松　"The term Quantics is used to denote the entire subject of rational and integral functions, and of the equations and loci to which these give rise; the word "quantic" is an adjective, meaning *of such a degree,* but may be used substantively, the noun understood being (unless the contrary appear by the context) function; so used the word admits of the plural "quantics" ……"

《quantics》には，二つ意味がある．整式とか，方程式から決まる軌跡とかの総称．もう一つは，《quantic》の複数形．

箱崎　"The quantities or symbols to which the expression "degree" refers, or (what is the same thing) in regard to which a function is considered as a quantic, will be spoken of as "facients." A quantic may always be considered as being, in regard to its facients, homogeneous, since to render it so, it is only necessary to introduce as a facient unity, or some symbol which is to be ultimately replaced by unity; and in the cases in which the facients are considered as forming two or more distinct sets, the quantic may, in like manner, be considered as homogeneous in regard to each set separately."

《quantic》というのは同次式のようで，《facients》というのは同次式の変数のようですね.

香山　具体的な形は，第5節にある.

六本松　"A quantic of the degrees $m, m' \cdots$ in the sets $(x, y, \cdots)$, $(x', y', \cdots)$ &c. will for the most part be represented by a notation such as

$$(*\between x, y, \cdots \overset{m}{\between} x', y', \cdots)^{m'} \cdots),$$

where the mark * may be considered as indicative of the absolute generality of the quantic; any such quantic may of course be considered as the sum of a series of terms $x^{\alpha}y^{\beta} \cdots x'^{\alpha'}y'^{\beta'} \cdots$, &c. of the proper degrees in the different sets respectively, each term multiplied by a coefficient; ……"

たとえば，

$$(*\between x, y)^2$$

は，$x^{\alpha}y^{\beta}$，ただし $\alpha+\beta=2$，という項に係数を掛けたものの和だから―― x, y の2次の同次式の一般形だ.

箱崎　それから，

$$(*\between x, y \overset{2}{\between} x', y')^3$$

は，

$$x^{\alpha}y^{\beta}x'^{\alpha'}y'^{\beta'} \ (\alpha+\beta=2, \alpha'+\beta'=3)$$

という項に係数を掛けて足した式の一般形で―― x, y, x', y' の5次の同次式ですね.

ケーリーは，式なんかを省略するのが好きですね．行列もソウでしたが.

六本松　結婚式も40過ぎまで，省略！

香山　一般形ではなく，係数が具体的に与えられた場合は……

箱崎　"I have said that the coefficients may be numerical multiples of single letters or elements such as a, b, c, $\cdots$; by the appropriate numerical coefficient of a term $x^{\alpha}y^{\beta}\cdots x'^{\alpha'}y'^{\beta'}\cdots$, I mean the coefficient of this term in the expantion of

$$(x+y\cdots)^{m}(x'+y'\cdots)^{m'}\cdots);$$

and I represent by the notion

$$(a, b, \cdots\between x, y, \cdots\overset{m}{\between} x', y', \cdots)^{m'}\cdots),$$

a quantic in which each term is multiplied as well by its appropriate numerical coefficient as by the literal coefficient or element which belongs to it in the set $(a, b, \cdots)$ of literal coefficients or elements."

たとえば，

$$(a, b, c\between x, y)^{2}$$

は，

$$ax^{2}+2bxy+cy^{2}$$

のことで，係数は a, b, c と二項係数を掛けたもの，ですね．

どうして二項係数を掛けるか——といいますと……

六本松　二項係数が現れるのは，たとえば《xy》の項を，《xy》の項と《yx》の項に分けて考えるから．

そう考えると，いろいろと便利——たとえば，

$$(ax^{2}+2bxy+cy^{2})=(x\quad y)\begin{pmatrix} a & b \\ b & c \end{pmatrix}\begin{pmatrix} x \\ y \end{pmatrix}$$

と書くとき，行列がキレイになる．

箱崎　その外にも，都合のいいことが，あるんでしょうね．

香山　第2節には，"The expression "an equation", used without explanation, is to be understood as meaning the equation obtained by putting any quantic equal to zero." とあり，第3節には……

箱崎 "An equation or system of equations represents, or is represented by a locus. This assumes that the facients depend upon quantities $x, y, \cdots$ the coordinates of a point in space; the entire series of points, the coordinates of which satisfy the equation or system of equations, constitutes the locus. To avoid complexity, it is proper to take the facients themselves as coordinates, or at all events to consider these facients as linear functions of the coordinates; …"

同次式を零とおいた方程式とか，方程式を満足する点の軌跡とかも考えるんですね．

香山 このように，クヮンティックスの理論は当初から幾何学的色彩が濃い．

それは不変式論の幾何学への応用，あるいは，不変式論の幾何学的解釈ともいえる．

六本松 マタ・また，不変式論！

箱崎 不変式論は，行列論の生みの親でしたね．

ケーリーの計量法（一）

香山 1854年から1878年へかけて，クヮンティックスについての論文を，10編かいている．

六本松 幕末から明治！

箱崎 1854年は吉田松陰がアメリカ行きに失敗して下獄された安政1年で，1878年は大久保利通が暗殺された明治11年ですね．

香山 群概念の形成にとって特に重要なのは，コレだ．

箱崎 標題は，

A sixth memoir on quantics

で，1859年に発表してますね．

吉田松陰が30歳の生涯を閉じた年ですね．

六本松　"I PROPOSE in the present memoir to consider the geometrical theory: I have alluded to this part of the subject in the articles Nos. 3 and 4 of the Introductory Memoir. The present memoir relates to the geometry of one dimension and the geometry of two dimensions, corresponding respectively to the analytical theories of binary and ternary quantics. But the theory of binary quantics is considered for its own sake; the geometry of one dimension is so immediate an interpretation of the theory of binary quantics, that for its own sake there is no necessity to consider it at all; it is considered with a view to the geometry of two dimensions."

箱崎　"A chief object of the present memoir is the establishment, upon purely descriptive principles, of the notion of distance. I had intended in this introductory paragraph to give an outline of the theory, ……"

この論文の目的は，1次元と2次元の幾何で，距離の概念を確立すること，なんですね．

六本松　1次元の幾何は，149節から168節．

"In geometry of one dimension we have the line as a space or *locus in quo*. which is considered as made up of points. The several points of the line are determined by the coordinates (x, y), viz. attributing to these any specific values, or writing $x, y = a, b$, we have a particular point of the line. And we may say also that the line is the *locus in quo* of the coordinates (x, y)."

1次元空間は直線上の点の全体，というのは分かるけど，それが座標(x, y)の全体というのはオカシイ．

箱崎　平面になってしまいますね．

香山　それは，同次座標だ．

六本松　同次座標？

香山　射影幾何学は知っている，と思ったが．

箱崎　講義にはありませんが，少しは読んだことがあります．

六本松　オボロ・オボロに知ってる．

射影幾何学は透視画法に始まる．

箱崎　どうしたら写実的な絵がかけるか，ということから——眼と対象物を結ぶ光線をキャンバスで切ったらいい，と考えたんです．

六本松　そのとき，眼は二つで一つ．

箱崎　たとえば，この方法で正方形をかくと，もちろん，正方形にはなりません．形は変わります．

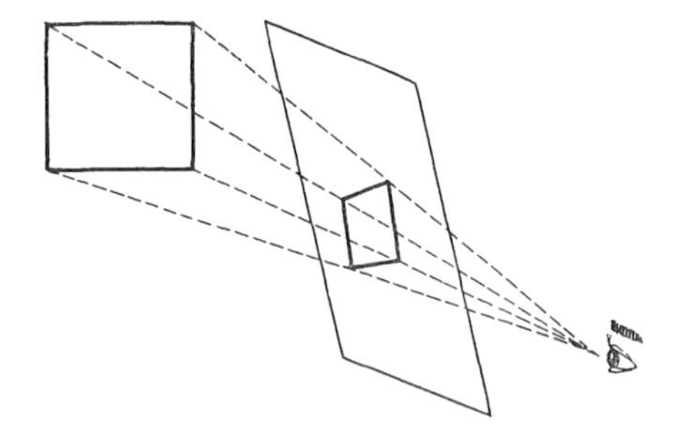

六本松　長さも，角度も，平行性も変わる．

箱崎　それでも，この方法でかいた絵には写実性があります．

六本松　ということは，透視画法——眼を中心にして，対象物をキャンバスの上に射影する，という方法で変わらない幾何学的性質がある，ということ！

箱崎　その性質を調べるのが，射影幾何学です．

香山　変わらない性質とは——たとえば？

六本松　点は点に，直線は直線に射影される．

箱崎　デザルグの定理とか，パスカルの定理とかは有名ですね．

そういえば，シルヴェスターが行列の概念を導入したのは，パスカルの定理と関係してましたね．

香山　もっと簡明なのは？

六本松　複比.

直線 l 上に四つの点 A,B,C,D があるとき，二つの比 AC/BC と AD/BD の比

$$\frac{AC}{BC}\Big/\frac{AD}{BD}$$

を，四つの点 A,B,C,D の，この順にとった複比といって，記号 $(ABCD)$ で表すんだけど，この値は射影しても変わらない.

箱崎　つまり，点 O から，直線 l を直線 m に射影するとき，A,B,C,D が A',B',C',D' に，それぞれ，射影されると，

$$(ABCD)=(A'B'C'D')$$

ですね.

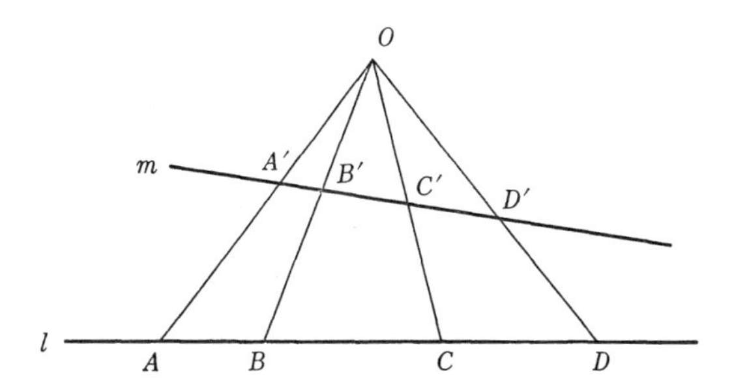

この性質は，3世紀頃に，もう発見されていたそうですね.

香山　この複比には，符号もつけるな.

六本松　直線 l の一つの方向を正に選ぶ．この方向に測った長さを正，反対の方向に測った長さを負とする.

そうすると，点 A から C,D の方向に，点 B から C,D の方向に測った四つの線分 AC,AD,BC,BD の長さには符号がつくから，複比 $(ABCD)$ にも符号がつく.

箱崎　複比 $(ABCD)$ の符号は，点 A,B の間に点 C か点 D のドッチか一つダケが入っているとき負になり，そうでないときは正になります.

たとえば，

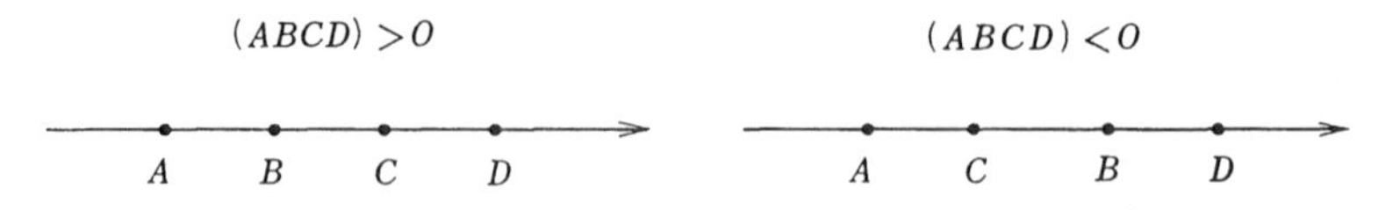

です.

香山　$(ABCD)=-1$, のときは？

箱崎　C と D は，線分 AB を，同じ比に内分・外分します.

　$AC/BC=-AD/BD$ ですから.

六本松　このとき，A, B, C, D は調和点列をなす，という.

箱崎　調和点列という性質も，変わりませんね.

六本松　複比は，符号をつけても，変わらないから.

香山　このように，点 O から，直線 l 上の点を直線 m 上の点へ射影するとき，l 上の点はすべて m 上の点へ射影されるかな？

箱崎　例外があります.

　点 O を通って直線 m と平行な直線と，直線 l の交点 P はダメです.

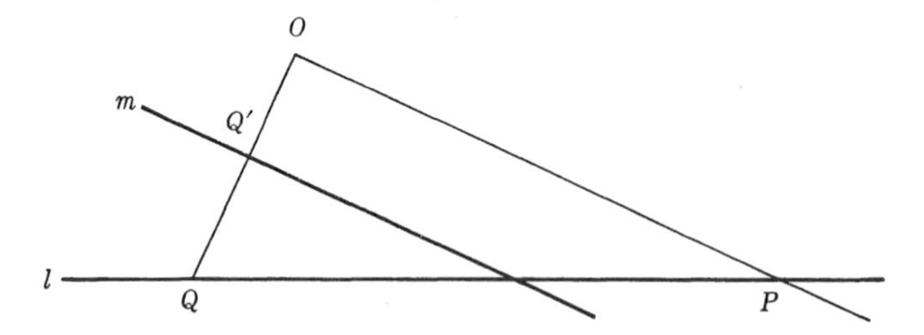

六本松　この例外をなくすために，点 P を射影した点として，無限遠点という《理想的な点》を導入する.

箱崎　l 上の点 Q が点 P に近づくとき，Q を m 上に射影した点 Q' は，直線 m 上をドンドン先の方に行くので，この名前が付いてますね.

　そして，無限遠点を入れると，l 上の点はゼンブ m 上の点に射影されます.
点 P は m 上の無限遠点に射影されて……

六本松　l 上の無限遠点は，点 O を通って l と平行な直線と，m の交点に射影される——と考える．

香山　導入の理由は外にもあるが，このような無限遠的要素を構成するのが，射影幾何学の特徴だな．

六本松　言葉のアソビみたいで，文学的！

箱崎　直観的には分かりますが，数学は文学的でいいんでしょうか？

香山　福岡の春は，東風に発し，南風に完結する．——数学の創造は，直観に発し，論理に完結する．

箱崎　無限遠点を論理的に扱う方法が，あるんですか．

僕の読んだ本には，書いてなかった．

六本松　ワタシも知らない．

香山　二つある．公理的なものと，数を基礎にとる解析的なものと．

第二の方法を説明しよう．

平面上に直交座標を定める．点 $O'(0,1)$ を通り横軸と平行な位置に，直線 l を置く．

l 上の点 Q に対しては，原点 O と Q とを通る直線が決まるな．逆に……

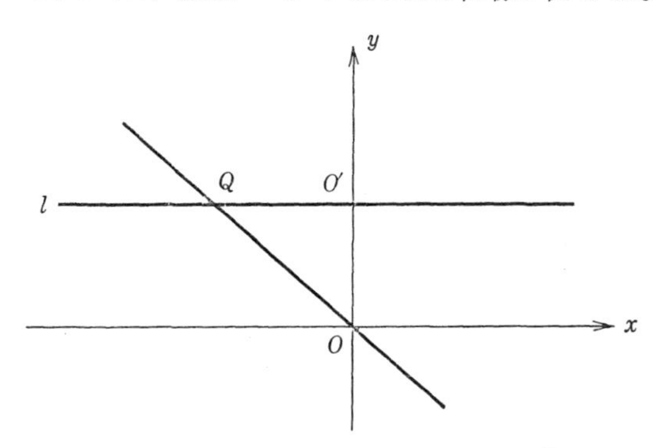

箱崎　逆に，原点を通る直線に対して，それと l との交点が決まりますね．

六本松　l と平行な x 軸を除いて．

香山　このようにして，l 上の《通常の点》と，x 軸を除く，原点を通る直線とは，一対一に対応するな．

また，点Qがl上を右または左へ遠ざかるとき，直線OQはx軸に限りなく近づくこと，が観察されるな.

箱崎　それで，l上の無限遠点にx軸を対応させると，無限遠点を入れた直線lの点と，原点を通る直線が一対一に対応しますね.

香山　これは，無限遠点を付け加えた直線l，すなわち射影直線lの点と，原点を通る直線上の点の集合との間の対応とも考えられるな.

l上の《通常の点》Qの座標を$(m, 1)$とすると，直線OQ上の点の集合は？

箱崎　直線OQの方程式は

$$y=\frac{1}{m}x$$

ですから……

六本松　点Qが点O'のときは，$m=0$だから，この式では表されない.

$$x=my$$

と書くとゼンブ表せる.

箱崎　それで，直線OQ上の点の集合は

$$\{(x, y) \mid x=my\}$$

です.

六本松　無限遠点に対応する，x軸上の点の集合は，

$$\{(x, y) \mid y=0\}.$$

香山　これらの集合から点$(0, 0)$つまり原点を除くと，これらの集合は互いに共通な元は持たないな.

そこで，射影直線lの各点は，これらの各集合の任意の点で表されるな.

このとき，点Qを表す点(x, y)の特徴は？

箱崎　$y \neq 0$で$x=my$，です.

$y=0$だと，$x=0$になりますから.

香山

$$x:y=m:1$$

だな.

六本松 つまり，x 座標を y 座標で割った値が m になる点 (x,y) で，点 Q は表される．

箱崎 無限遠点を表す点 (x,y) の特徴は，$x \neq 0$ で $y=0$ ですね．

六本松 つまり，x 座標を y 座標で割れない点 (x,y) で，無限遠点は表される．

香山 このように，射影直線の点を座標 (x,y) で表すのが，同次座標だ．

同次座標のアイデアは，メービウスとプリュッカーとに負う．メービウスは1827年の著書で，プリュッカーは1829年の論文で，それぞれ独立に導入する．——射影平面の点の同次座標は三つの実数の組となるな．

箱崎 プリュッカーという人は初耳ですが，メービウスは《メービウスの帯》のメービウスですね．

香山 プリュッカーはクラインの先生だ．

また，ケーリーが《$x,y=a,b$》と書いているのは，《$x:y=a:b$》のことだ．

箱崎 《$x=a$，$y=b$》では，ないんですね．

六本松 結局，ケーリーの直線は射影直線で，ケーリーの1次元空間は1次元射影空間！

ケーリーの計量法（二）

香山 ケーリーの論文を続けよう．

六本松 “A linear equation,

$$(*\mathrel{\char"29}x,y)^1=0,$$

is obviously equivalent to an equation of the before-mentioned form $x,y=a,b$, and represents therefore a point.”

あっ，ソーカ，

$$bx-ay=0,\ \text{ただし，}(a,b)\neq(0,0)$$

という形で，原点を通る直線はゼンブ表される．

箱崎 "An equation such as

$$(*\between x, y)^m=0$$

breaks up into m linear equations, and represents therefore a system of m points, or point-system of the order m. The component points of the system, or the linear factors, or the values thereby given for the coordinates, are termed roots."

六本松 "When $m=1$ we have of course a single point, when $m=2$ we have a quadric or point-pair, when $m=3$ a cubic or point-triplet, and so on."

箱崎 "The point-system is the only figure or locus occurring in the geometry of one dimension."

1次元の幾何で対象になる図形は，点の系列だけなんですね．

六本松 どんな性質が出て来るか，というと……たとえば，153節．

"In particular, for the two point-pairs represented by the quadric equations

$$(a, b, c\between x, y)^2=0,$$
$$(a', b', c'\between x, y)^2=0,$$

if the lineo-linear invariant vanishes, that is, if

$$ac'-2bb'+ca'=0,$$

we have the harmonic relation, ── the two point-pairs are said to be harmonically related to each other, or the two points of the one pair are said to be harmonics with respect to the two points of the other pair."

調和点列になるための条件．

香山 第165節から第168節は，距離概念構成への準備だ．

箱崎 "The foregoing theory of the harmonic relation shows that if we have a point-pair

$$(a, b, c \between x, y)^2 = 0,$$

the equation of any other point-pair whatever can be expressed, and that in two different ways, in the form

$$(a, b, c \between x, y)^2 + (lx + my)^2 = 0;$$

the points $(lx + my = 0)$ corresponding to the two admissible values of the linear function being in fact the harmonics of the point-pair in respect to the given point-pair $(a, b, c \between x, y)^2 = 0$, or what is the same thing, the sibiconjugate points of the involution formed by the two point-pairs (see Fifth Memoir, No. 105)."

六本松　点の対を表す方程式

$$ax^2 + 2bxy + cy^2 = 0$$

が与えられてると，勝手な点の対を表す方程式

$$a'x^2 + 2b'xy + c'y^2 = 0$$

は，

$$ax^2 + 2bxy + cy^2 + (lx + my)^2 = 0$$

という形に書ける――という意味らしいけど，分かんない．

香山　そこに注意してあるように，クワンティックスについての第五論文の第105節で論じている．

要約すると，こうだ．

$$U(x, y) = ax^2 + 2bxy + cy^2,$$

$$U'(x, y) = a'x^2 + 2b'xy + c'y^2$$

に対して

$$H(x, y) = (ab' - a'b)x^2 + (ac' - a'c)xy + (bc' - b'c)y^2$$

を作る．

こう書くとトッピだが，

$$H(x, y) = \begin{vmatrix} y^2 & -yx & x^2 \\ a & b & c \\ a' & b' & c' \end{vmatrix}$$

という行列式だ.

さて，方程式 $H(x, y)=0$ の 根，すなわち，この方程式で表される点の対を $(\alpha, 1)$，$(\beta, 1)$ とすると，

$$U'(\alpha, 1)U(x, y)-U(\alpha, 1)U'(x, y)=-\{k(x-\alpha y)\}^2,$$
$$U'(\beta, 1)U(x, y)-U(\beta, 1)U'(x, y)=-\{k'(x-\beta y)\}^2,$$

が成り立つ.

箱崎 それで，$U'(x, y)=0$ は，問題の形

$$U(x, y)+(lx+my)^2=0$$

に書けるんですね．それも，《in two different ways》で.

六本松 そして，方程式 $lx+my=0$ で表される点は，方程式 $H(x, y)=0$ の根.

香山 さらに，

$$a(bc'-b'c)-b(ac'-a'c)+c(ab'-a'b)=0$$

だな．これは……

六本松 方程式 $U(x, y)=0$ で表される点の対と，方程式 $H(x, y)=0$ で表される点の対が，調和点列になること．さっきの条件を満足してるから.

箱崎 このことが，後半の部分の意味なんですね.

香山 先を続けよう.

六本松 "The point-pair represented by the equation in question does not in itself stand in any peculiar relation to the given point-pair $(a, b, c)(x, y)^2=0$; but when thus represented it is said to be inscribed in the given point-pair, and the point $lx+my=0$ is said to be the axis of inscription. And the harmonic of this point with respect to the given point-pair (that is, the other sibiconjugate point of the involution of the two point-pairs) is said to be the centre of inscription."

$a'x^2+2b'xy+c'y^2=0$ を

$$ax^2+2bxy+cy^2+(lx+mx)^2=0$$

の形に書いたとき，この方程式で表される点の対は，方程式 $ax^2+2bxy+cy^2=0$ で表される点の対に《inscribed される》といい，$lx+my=0$ で表される点を inscription の《axis》という．

$lx+my=0$ で表される点が $(\alpha, 1)$ なら，方程式 $H(x, y)=0$ のもう一つの根 $(\beta, 1)$ を inscription の《centre》という．

箱崎　名前だけですね．それから，166 節は——

"We may, if we please, (x', y') and θ being constants, exhibit the equation of the inscribed point-pair in the form

$$(a, b, c \between x, y)^2(a, b, c \between x', y')^2 \sin^2\theta-(ac-b^2)(xy'-x'y)^2=0,$$

where we have for the axis of inscription and centre of inscription respectively, the equations

$$xy'-x'y \qquad\qquad =0,$$

$$(a, b, c \between x, y \between x', y')=0;$$

or in the equivalent form

$$(a, b, c \between x, y)^2(a, b, c \between x', y')^2\cos^2\theta-\{(a, b, c \between x, y \between x', y')\}^2=0,$$

where we have for the axis of inscription and the centre of inscription respectively, the equations

$$(a, b, c \between x, y \between x', y')=0,$$

$$xy'-x'y \qquad\qquad =0."$$

axis の方程式から centre の方程式がスグ求まるように，変形したんですね．

$$(a, b, c \between x, y)^2+(lx+my)^2=0$$

で，

$$l=y', \quad m=-x'$$

とおいて，

$$\sqrt{\frac{b^2-ac}{(a, b, c \between x', y')^2}}=\sin\theta$$

と書いて——平方根の中はキット0以上1以下なんでしょうが,

$$b^2-ac=(a, b, c)(x', y')^2 \sin^2\theta$$

を両辺に掛けると，問題の一番目の方程式になります.

この方程式が二番目の形に書けると，一番目の inscription の centre の方程式が

$$(a, b, c)(x, y)(x', y')=0$$

になることが分かります．二番目の方程式は，同じ方程式の，別の inscription ですから.

それで，二番目の形ですが……

香山 それは，第167節で注意してある.

六本松 "The equivalence of the two forms depends on the identical equation

$$(a, b, c)(x, y)^2(a, b, c)(x', y')^2-\{(a, b, c)(x, y)(x', y')\}^2$$
$$=(ac-b^2)(xy'-x'y)^2,$$

which is in fact the equation mentioned, Fifth Memoir, No. 95. If, for shortness, we write

$$(a, b, c)(x, y)^2 \qquad\qquad =00,$$
$$(a, b, c)(x, y)(x', y')=01=10,$$
&c.,

then the equation may be represented in the form

$$\begin{vmatrix} 00, & 01 \\ 10, & 11 \end{vmatrix}=(ac-b^2)\begin{vmatrix} x, & y \\ x', & y' \end{vmatrix}^2 ."$$

諸悪の根源——じゃない，諸変形の根源は，この恒等式.

箱崎 "There is a like equation for the three sets (x, y), (x', y'), (x'', y'') ; the right-hand side here vanishes, for there are not columns enough to form therewith a determinant, and the equation is

$$\begin{vmatrix} 00, & 01, & 02 \\ 10, & 11, & 12 \\ 20, & 21, & 22 \end{vmatrix}=0,$$

an equation which may also be written in the form

$$\cos^{-1}\frac{01}{\sqrt{00}\sqrt{11}}+\cos^{-1}\frac{12}{\sqrt{11}\sqrt{22}}=\cos^{-1}\frac{02}{\sqrt{00}\sqrt{22}},$$

as it is easy to verify by reducing this equation to an algebraical form."

《$\cos^{-1}$》は，逆余弦関数ですね．

それから，論文の流れから考えると，$\cos^{-1}$ の中は0以上1以下みたいですから，$0\leqq A\leqq 1$，$0\leqq B\leqq 1$ のときの公式

$$\cos^{-1}A+\cos^{-1}B=\cos^{-1}(AB-\sqrt{1-A^2}\sqrt{1-B^2})$$

を使うと，最後の式が出て来そうですね．

香山　この関係が，距離概念の構成で，重要な役割を果す．

ケーリーの計量法（三）

六本松　209節から，本命の《the Theory of Distance》．

"I return to the geometry of one dimension. Imagine in the line or *locus in quo* of the range of points, a point-pair, which I term the Absolute. Any point-pair whatever may be considered as inscribed in the Absolute, the centre and axis of inscription being the sibiconjugate points of the involution formed by the points of the given point-pair and the points of the Absolute; the centre and axis of inscription *quà* sibiconjugate points are harmonics with respect to the Absolute."

1次元空間に，二つの点を固定して，《Absolute》という．

香山　《基本図形》と，訳しておこう．

箱崎 勝手な点の対は基本図形に inscribed されて——

"A point-pair considered as thus inscribed in the Absolute is said to be a *point-pair circle,* or simply a *circle*; the centre of inscription and the axis of inscription are termed the centre and the axis. Either of two sibiconjugate points may be considered as the centre, but the selection when made must be adhered to."

名前だけ，ですね.

六本松 "It is proper to notice that, given the centre and one point of the circle, the other point of the circle is determined in a unique manner. In fact the axis is the harmonic of the centre in respect to the Absolute, and then the other point is the harmonic of the given point in respect to the centre and axis."

centre と axis の対と，circle の二点とは，調和点列？

香山 基本図形の方程式を

$$ax^2+2bxy+cy^2=0,$$

circle の方程式を

$$a'x^2+2b'xy+c'y^2=0,$$

とすると，centre と axis とを根に持つ方程式は……

箱崎

$$(ab'-a'b)x^2+(ac'-a'c)xy+(bc'-b'c)y^2=0$$

ですが，

$$a'(bc'-b'c)-b'(ac'-a'c)+c'(ab'-a'b)=0$$

ですから，問題の四つの点は……

六本松 調和点列！

箱崎 "As a definition, we say that the two points of a circle are equidistant from the centre. Now imagine two points P, P'; and take the point P'' such that P, P'' are a circle having P' for its centre; take in like manner the point P'' such that P', P''' are a circle having P'' for its centre; and so on : and again in the opposite direction, a point $P^{\backprime}$ such that P', $P^{\backprime}$ are a circle having P for its centre; a point $P^{\backprime\backprime}$ such that P, $P^{\backprime\backprime}$ are a circle having $P^{\backprime}$ for its centre, and so on."

六本松　"We have a series of points $\cdots P^{\backprime\backprime}, P^{\backprime}, P, P', P'', \cdots$ at equal intervals of distance : and if we take the points P, P' indefinitely near to each other, then the entire line will be divided into a series of equal infinitesimal elements; the number of these elements included between any two points measures the distance of the two points."

箱崎　"It is clear that, according to the definition, if P, P', P'' be any three points taken in order, then

$$\text{Dist.}(P, P') + \text{Dist.}(P', P'') = \text{Dist.}(P, P''),$$

which agrees with the ordinary notion of distance."

点 O, U を基本図形としますね.

二つの点 P, P' から出発して，O, U, P', Q' が調和点列になる点 Q' に対して，P, P'', P', Q' が調和点列になる点 P'' が決まりますね.

それから，O, U, P'', Q'' が調和点列になる点 Q'' に対して，P', P''', P'', Q'' が調和点列になる点 P''' が決まりますね.

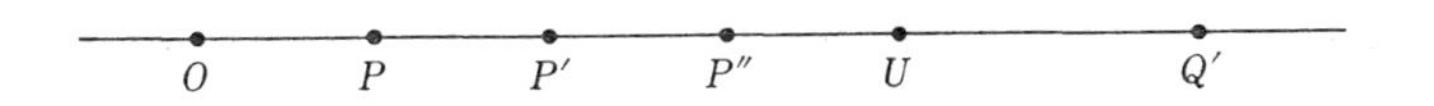

六本松　これを繰り返して，$P'', P''', \cdots$，と目盛を付けて行く．P と P' の距離を単位の長さに取った，《等間隔》の目盛！

箱崎　$P, P', P'', \cdots$ が同じ間隔に並ぶ，というのは《centre から circle の二点までの 距離は等しい》と定義したからですが，どうして コウ 考えたんですか？

香山　同次座標の外に，射影座標というのも使われていた.

直線上に，三つの点を取る．その二つは単位の長さを決めるもので，それをP, P'としよう．第三の点をQ'とする．

この三点から出発して，P, P'', P', Q' が調和点列となる，点P''を求める．次に，P', P''', P'', Q'が調和点列となる，点P'''を求める．これを繰り返して，$P, P', P'', \cdots$ と等間隔の目盛を付ける，というものだ．

これがヒントだと，思う．

箱崎　Q'が動かないのが違いますが，考え方は同じですね．

香山　もう一つの違いは，ケーリーの場合，距離を数値で表している点だ．

箱崎　211節ですね．

"To show how the foregoing definition leads to an analytical expression for the distance of two points in terms of their coordinates, take

$$(a, b, c)(x, y)^2=0$$

for the equation of the Absolute. The equation of a circle having the point (x', y') for its centre is

$$(a, b, c)(x, y)^2(a, b, c)(x', y')^2\cos^2\theta-\{(a, b, c)(x, y)(x', y')\}^2=0;$$

and consequently if (x, y), (x'', y'') are the two points of the circle, then

$$\frac{(a, b, c)(x, y)(x', y')}{\sqrt{(a, b, c)(x, y)^2}\sqrt{(a, b, c)(x', y')^2}}=\frac{(a, b, c)(x', y')(x'', y'')}{\sqrt{(a, b, c)(x', y')^2}\sqrt{(a, b, c)(x'', y'')^2}},$$

an equation which expresses that the points (x'', y'') and (x, y) are equidistant from the point (x', y')."

この等式は，両辺とも $\cos\theta$ になることから，出て来ますね．それから，この等式が，《centre から circle の二点までの距離は等しい》と定義した，一つの理由じゃないんですか．

六本松　"It is clear that the distance of the points (x, y) and (x', y') must be a function of

$$\frac{(a, b, c \between x, y \between x', y')}{\sqrt{(a, b, c \between x, y)^2}\sqrt{(a, b, c \between x', y')^2}},$$

and the form of the function is determined from the before-mentioned property, viz. if P, P', P'' be any three points taken in order, then

$$\text{Dist.}(P, P')+\text{Dist.}(P', P'')=\text{Dist.}(P, P'').$$

This leads to the conclusion that the distance of the points (x, y), (x', y') is equal to a multiple of the arc having for its cosine the last-mentioned expression (see *ante,* No. 168); and we may in general assume that the distance is equal to the arc in question, viz. that the distance is

$$\cos^{-1}\frac{(a, b, c \between x, y \between x', y')}{\sqrt{(a, b, c \between x, y)^2}\sqrt{(a, b, c \between x', y')^2}},$$

or, what is the same thing,

$$\sin^{-1}\frac{(ac-b^2)(xy'-x'y)}{\sqrt{(a, b, c \between x, y)^2}\sqrt{(a, b, c \between x', y')^2}}.\text{''}$$

最後に，168 節で注意した，逆余弦関数の形に書いた恒等式を使うのか．

箱崎　結局，点 (x, y) と点 (x', y') の距離は

$$\cos^{-1}\frac{axx'+b(xy'+x'y)+cyy'}{\sqrt{ax^2+2bxy+cy^2}\sqrt{ax'^2+2bx'y'+cy'^2}}$$

ですね．

六本松　circle の方程式が，さっきのように，$\cos\theta$ を使って書いてあると，その centre から circle までの距離は θ．――ウマクできてる！

香山　もっとウマイことがある．第 213 節だ．

箱崎　“The foregoing is the general case, but it is necessary to consider the particular case where the Absolute is a pair of coincident points. The harmonic of any point whatever in respect to the Absolute is here a point coincident with the Absolute itself:

the definition of a circle is consequently simplified; viz. any point-pair whatever may be considered as a circle having for its centre the harmonic of the Absolute with respect to the point-pair; we may, as before, divide the line into a series of equal infinitesimal elements, and the number of elements included between any two points measures the distance between the two points."

基本図形が一点の場合ですね.

さっき説明した記号でいうと，O と U が同じ点で，この同じ点と点 Q', Q'', … は一致するというんですから，点 Q' は動かなくて——結局，基本図形が一点の場合は，射影座標そのもの，ですね.

六本松 "As regards the analytical expression, in the case in question $ac-b^2$ vanishes, or the distance is given as the arc to an evanescent sine. Reducing the arc to its sine and omitting the evanescent factor, we have a finite expression for the distance. Suppose that the equation of the Absolute is

$$(qx-py)^2=0,$$

or what is the same thing, let the Absolute (treated as a single point) be the point (p, q), then we find for the distance of the points (x, y) and (x', y') the expression

$$\frac{xy'-x'y}{(qx-py)(qx'-py')};$$

……"

香山 基本図形 (p, q) を無限遠点 $(1, 0)$ にとるとき，《通常の》二点 (x, y) と (x', y') との距離は？

箱崎 論文の式に，$p=1$, $q=0$ を代入して，

$$\frac{xy'-x'y}{yy'}$$

です.

香山　これは,

$$\frac{x}{y}-\frac{x'}{y'}$$

と書けるな. ――何を意味する?

箱崎　ナンですか?

香山　さっき同次座標を説明したときの図から分かるように, 直線 l 上の《通常の点》に, その同次座標の第一座標と第二座標との比を対応させると, 直線 l に《通常の座標》が導入されるな.

六本松　分かった. 問題の式の意味は, 基本図形が無限遠点の場合は, ケーリーの距離と《ふつう》の距離は一致すること!

香山　この1次元射影空間での距離を基礎として, 2次元射影空間での距離が導入される. 第214節だ.

箱崎　"Passing now to geometry of two dimensions, we have here to consider a certain conic, which I call the Absolute."

今度は, 基本図形は,《ある》円錐曲線ですね.

どうしてか, というと―― 1次元のときの基本図形は circle の特別な場合と考えられるから, それを2次元で考えると円になって, 円・楕円・放物線・双曲線という円錐曲線は射影幾何学では同じ図形だから,《ある》円錐曲線を基本図形にとるんですね.

六本松　"Any line whatever determines with the Absolute (cuts it in) two points which are the Absolute in regard to such line considered as a space of one dimension, ……"

射影平面上の二点の距離は, その二点を結ぶ直線という1次元空間の距離で考える. そのとき, その直線と円錐曲線との交点を基本図形として.

箱崎　問題の直線と円錐曲線との交点が二つとか, 一つのときはイイんですが, ゼンゼン交わらないときもありますね.

香山　平面上に《通常の》直交座標系を導入すると, 円錐曲線は2次方程式,直線は1次方程式で表されるな．だから，この二つを連立した方程式は，虚根も入れると，必ず根を持つ．

そこで，虚数の同次座標を持つ点，いわゆる虚点を導入すると，円錐曲線と直線は必ず交わるな．

六本松　あとの方に，解析的議論がある．

香山　それには，深入りすまい．

箱崎　ケーリーの考え方はダイタイ分かりましたが，それと群は，どんな関係があるんですか？

非ユークリッド幾何学

香山　ケーリーの，この論文が発表された1859年は，天野宗歩が44歳で没した年でもある．

箱崎　将棋の神様，ですね．

香山　名人戦などでは，羽織・袴に白扇だな．

棋士は，何故，扇子を持つ？

六本松　カッカしたとき，あおぐ．

香山　昔は，駒台というものはない．駒箱のフタや，懐紙を用いる．明治に入って，白扇を代用する．駒台は，明治末年に，飯塚力造という人が発案する．

箱崎　そうすると，棋士が扇子を持つのは，明治時代の習慣の名残りですね．

香山　ケーリーの扇子から，クラインの駒台が生まれる．この論文だ．

箱崎　標題は，

Über die sogenannte Nicht-Euklidische Geometrie

で，1871年に発表してますね．

香山　この論文の目的は，三種の幾何学がケーリーの計量法によって統一できること，を示すのにある．

六本松　三種の幾何学？

香山 第1節に，ある．

箱崎 “Das elfte Axiom des Euklides ist, wie bekannt, mit dem Satze gleichbedeutend, dass die Summe der Winkel im Dreiecke gleich zwei Rechten ist. Mun gelang es Legendre, zu beweisen, dass die Winkelsumme im Dreiecke nicht grösser sein kann, als zwei Rechte; er zeigte ferner, dass, wenn in einem Dreiecke die Winkelsumme zwei Rechte beträgt, dann ein Gleiches bei jedem Dreiecke der Fall ist. Aber er vermochte nicht zu zeigen, dass die Winkelsumme nicht möglicherweise kleiner ist, als zwei Rechte.”

ユークリッドの第11公理は，三角形の内角の和は2直角に等しい，という命題と同値―― これは知ってます．《平行線は一本しか引けない》という性質の根拠になる公理ですね．

それから，ルジャンドルは，三角形の内角の和は2直角より大きくはない，ことは証明できたけど，2直角より小さいかどうかは証明できなかったんですね．

六本松 第11公理を，残りの公理から，証明しようとして．

箱崎 “Eine ähnliche Überlegung scheint den Ausgangspunkt von Gauss' Untersuchungen über diesen Gegenstand gebildet zu haben. Gauss war der Auffassung, dass es in der Tat unmöglich sei, den Satz von der Gleichheit der Winkelsumme mit zwei Rechten zu beweisen, dass man vielmehr auf Grund der vorangehenden Axiome eine in sich konsequente Geometrie konstruieren könne, bei der die Winkelsumme kleiner ausfällt. Gauss bezeichnete diese Geometrie als *Nicht-Euklidische*; ……”

六本松 ガウスも，ルジャンドルと同じ考察から，出発する．しかし，問題の公理は証明出来ない，と考えて，三角形の内角の和が2直角より小さい幾何学を構成する．この幾何学を非ユークリッド幾何学という．

箱崎　この幾何学では，一つの直線に，その直線外の点から，無数の平行線が引けますね.

六本松　“Auf eben diese Nicht-Euklidische Geometrie ist Lobatschewsky, Professor der Mathematik an der Universität zu Kasan und, einige Jahre später, der ungarische Mathematiker J. Bolyai geführt worden, und haben dieselben den Gegenstand in ausführlichen Veröffentlichungen behandelt.”

ガウスのと同じ幾何学を，ロバチェフスキーやボリャイが，それぞれ，独立に作る.

箱崎　それで，これをガウス=ロバチェフスキー=ボリャイの非ユークリッド幾何学と，いいますね.

六本松　“Aber diese Auffassung muss wohl einer wesentlichen Modifikation unterliegen, seit im Jahre 1867 nach Riemanns Tode dessen Habilitations-vorlesung : „Über die Hypothesen, welche der Geometrie zugrunde liegen“ erschienen ist und bald darauf Helmholtz in den Göttinger Nachrichten (1868, Nr. 6) seine Untersuchungen : „Über die Tatsachen, welche der Geometrie zugrunde liegen“, veröffentlichte.”

しかし，この考え方は根本的に修正される.

リーマンの就任講演《幾何学の基礎にある仮定について》と，ヘルムホルツの論文《幾何学の基礎にある事実について》とで.

箱崎　“In Riemanns Schrift ist darauf hingewiesen, wie die Unbegrenztheit des Raumes nicht auch notwendig dessen Unendlichkeit mit sich führt. Es wäre vielmehr denkbar und würde unserer Anschauung, die sich immer nur auf einen endlichen Teil des Raumes bezieht, nicht widersprechen, dass der Raum endlich wäre und in sich zurückkehrte : die Geometrie unseres Raumes würde sich dann gestalten, wie die Geometrie auf einer in einer Mannigfaltigkeit von vier Dimensionen gelegenen Kugel von drei Dimensionen."

空間に限りがないことは必ずしも無限大を意味しない．空間は有限で，グルッと回ると元にもどるのでは，とも考えられ，この考えは我々の直観にも反しない．この場合，空間幾何学は4次元多様体の中にある3次元の球面のようなものになる――これが，リーマンの革命的思想ですね．

六本松 "Diese Vorstellung, die sich auch bei Helmholtz findet, würde mit sich bringen, dass die Winkelsumme im Dreiecke (wie beim gewöhnlichen sphärischen Dreiecke) grösser ist, als zwei Rechte, und zwar in dem Masse grösser, als das Dreieck einen grösseren Inhalt hat. Die gerade Linie würde alsdann keine unendlich fernen Punkte haben, und man könnte durch einen gegebenen Punkt zu einer gegebenen Geraden überhaupt keine Parallele ziehen."

ヘルムホルツも同じ考えで，その幾何学では，三角形の内角の和は2直角より大きく，直線は無限遠点を持たないで，平行線は一本も引けない．

箱崎 三角形の内角の和は2直角より大きくはない，ことをルジャンドルは証明してますが……

香山 その証明は，《直線の長さは無限である》という仮定の下での，ものだ．

箱崎 それで，ツジツマが合います．

六本松 "Eine auf diese Vorstellungen gegründete Geometrie würde sich in ganz gleicher Weise neben die gewöhnliche Euklidische Geometrie stellen, wie die soebene erwähnte Geometrie von Gauss, Lobatschewsky, Bolyai. Während letztere der Geraden zwei unendlich ferne Punkte erteilt, gibt diese der Geraden überhaupt keine (d. h. zwei imaginäre) unendlich ferne Punkte. Zwischen beiden steht die Euklidische Geometrie als Übergangsfall; sie legt der Geraden zwei zusammenfallende unendlich ferne Punkte bei."

ユークリッド幾何学は，ガウス=ロバチェフスキー=ボリャイの幾何学とリーマン=ヘルムホルツの幾何学との中間に位置する．

ガウス=ロバチェフスキー=ボリャイの幾何学では直線は二つの無限遠点を持ち，リーマン=ヘルムホルツの幾何学では無限遠点を持たない，つまり，二つの虚な無限遠点を持つのに，ユークリッド幾何学では二つの一致した，つまり，一つの無限遠点しか持たない——という意味で．

箱崎 "Einem in der neueren Geometrie gewöhnlichen Sprachgebrauche folgend, sollen diese drei Geometrien bezüglich als *hyperbolische,* als *elliptische* und als *parabolische* Geometrie im nachstehenden bezeichnet werden, je nachdem die beiden unendlich fernen Punkte der Geraden reell oder imaginär sind oder zusammenfallen."

ガウス=ロバチェフスキー=ボリャイの幾何学を双曲線幾何学，リーマン=ヘルムホルツの幾何学を楕円幾何学，ユークリッド幾何学を放物線幾何学，というんですね．

六本松 "Diese dreierlei Geometrien werden sich nun im folgenden als besondere Fälle der allgemeinen Cayleyschen Massbestimmung erweisen."

この三種の幾何学を，ケーリーの計量法で，統一するんだナ．

変 換 群

香山 クラインは，ケーリーの計量法を，より一般に導入する．——ココだ．

六本松 "Alle räumlichen Massbestimmungen lassen sich bekanntlich auf zwei fundamentale Aufgaben zurückführen: auf die Bestimmung *der Entfernung zweier Punkte* und auf die Bestimmung *der*

Neigung zweier sich schneidender Geraden;……"

空間的な計量の基礎は，距離と角度——角度はケーリーにはない．

箱崎 計量の基本方針が書いてありますね．

"*Erstens* gilt für beide Massbestimmungen das Gesetz, dass sich die Massunterschiede addieren, d.h. dass der Massunterschied $\overline{12}$, vermehrt um den Massunterschied $\overline{23}$, gleich ist dem Massunterschiede $\overline{13}$, in Zeichen $\overline{12}+\overline{23}=\overline{13}$. Diese *Addierbarkeit der Massunterschiede* ist ein allgemeines Gesetz, welches bei allen Massbestimmungen in Mannigfaltigkeiten einer Dimension von vornherein gegeben ist."

第一は，加法性ですね．第二は……

六本松 "*Zweitens* haben die hier zu betrachtenden Massbestimmungen noch eine zweite Eigenschaft, welche sie eben geeignet macht, zur Messung im Raume angewandt zu werden. Diese Eigenschaft ist die, *durch eine Bewegung im Raume nicht geändert zu werden.*"

第二は，運動による不変性．

箱崎 これは，ケーリーにはなかった，ようですが……

香山 射影という手段によって図形を移動させ，その性質を調べるのが，射影幾何学だったな．

だから，射影空間における《運動》は，射影を有限回続けて点を移動させるという，いわゆる射影変換だ．

しかも，射影変換は解析的には1次変換で表される．

たとえば，射影直線 l を点 O_1 から射影直線 m に射影し，さらに，点 O_2 から m を l に射影するとき，l 上の点 Q が l 上の点 Q' に移ったとしよう．点 Q の同次座標を (x, y)，点 Q' の同次座標を (x', y') とすると，

$$\begin{cases} x'=ax+by \\ y'=cx+dy \end{cases}, \quad \text{ただし} \quad \begin{vmatrix} a & b \\ c & d \end{vmatrix} \neq 0$$

となる．a, b, c, d は射影変換で定まる定数だ．

この逆も成り立つ．

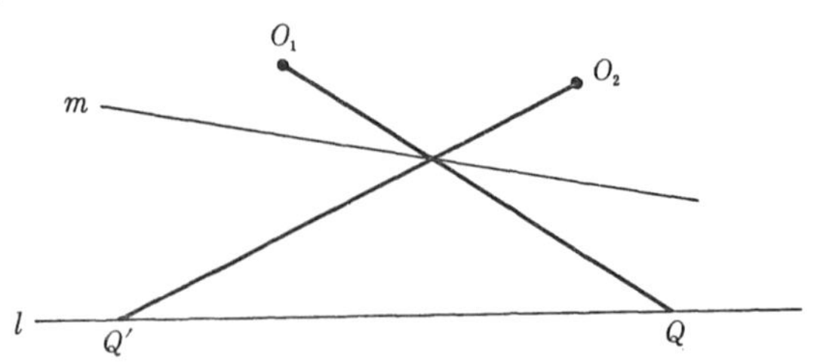

箱崎　それで，不変式論と射影幾何学が結びついて，ケーリーの場合もヤッパリあったんですね．

香山　ケーリーの距離は，基本図形の方程式を変えない1次変換に関して，不変な量だ．

その議論の部分は，割愛したが．

六本松　でも，《運動》というようには捉えてない．

香山　この二つの基本的立場から，クラインは距離や角を導入する．距離についての結論は，次のようになる．

射影直線 l 上に二点 O, U を定める．

l 上の二点 A, B の距離は

$$c \log (ABOU)$$

となる．c は定数で，$(ABOU)$ は四点 A, B, O, U の複比だ．

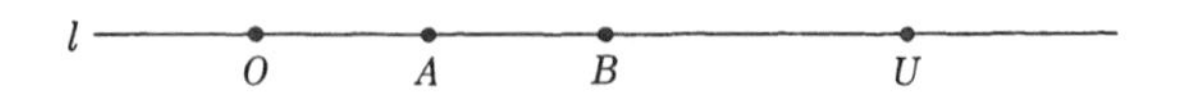

箱崎　複比は射影変換で変わらないし，対数をとったのは加法性のためですね．

六本松　O, U という基本図形をとるのはケーリーと同じだけど，値が違う！

香山　定数 c が $\dfrac{\sqrt{-1}}{2}$ という値のとき，ケーリーの距離と一致する．

第4節にあるから，あとで読むと，よい．

六本松　難しそうだナ．

香山　この距離を使って，クラインは射影空間の中に三種の幾何学を構成する．

要約すると——射影平面上に一つの円錐曲線Γを定める．射影幾何学では，円・楕円・双曲線・放物線の区別はないから，楕円の図をかいておく．

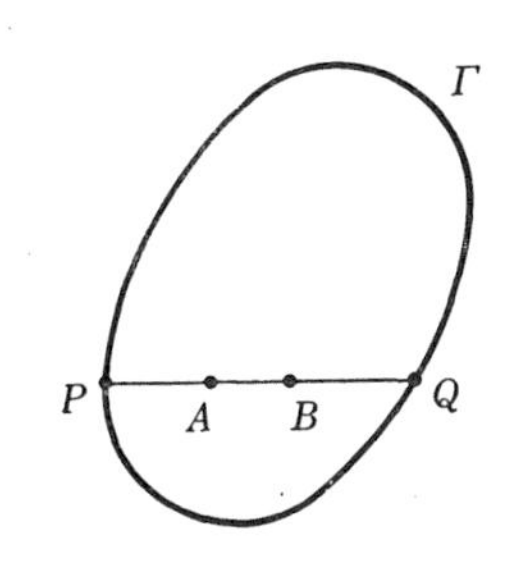

Γ 内の二点A, Bに対して，A, Bを通る直線とΓとの交点をP, Qとすると，二点A, Bの距離を

$$c\log(ABPQ)$$

と考える．

箱崎　ケーリーと同じアイデアですね．

香山　ただし，三種の幾何学を構成するためには，Γ 上の点や Γ の外部の点は考えない．

六本松　Γ の中の点だけの世界で——通俗的な本で，読んだことがある．

香山　角の方は割愛するが，この距離と角とを使って，Γの内部の点から成る空間に幾何学を構成する．

この空間での《運動》は，射影平面を自分自身に写す1次変換の中で，Γ を Γ 自身に写すものだ．

六本松　理のトウゼン！

香山　Γ が実の円錐曲線，すなわち，同次座標による Γ の方程式が

$$x^2+y^2-z^2=0$$

のとき，この幾何学は双曲線幾何学となる．

Γ が虚の円錐曲線，すなわち，同次座標による Γ の方程式が

$$x^2+y^2+z^2=0$$

のとき，楕円幾何学となる．

また，方程式

$$x^2+y^2=0,\ \ z=0$$

で表される点を変えない幾何学が，放物線幾何学だ．

箱崎 最後の場合は，円錐曲線 Γ とは関係ない，ようですが？

香山 問題の二点は，$(1, i, 0)$ と $(1, -i, 0)$ とだが，これは円の特別な場合と考えて，虚円点とよばれている．

六本松 直観的には見えないけど，解析的には扱える．

香山 このアイデアも，ケーリーに由来する．

クワンティックスについての，第六論文のココだ．

箱崎 "If in the above formula we put $(p, q, r)=(1, i, 0)$, $(p_0, q_0, r_0)=(1, -i, 0)$, where as usual $i=\sqrt{-1}$, then the line-eqaution of the Absolute is $\xi^2+\eta^2=0$, or what is the same thing, the Absolute consists of the two points in which the line $z=0$ intersects the line-pair $x^2+y^2=0$; the last-mentioned line-pair, as passing through the Absolute, is by definition a circle; it is in fact the circle radius zero, or an evanescent circle."

六本松 "If we put also the coordinate z equal to unity, then the preceding assumption as to the coordinates of the points of the Absolute must be understood to mean only $x : y : 1=1 : i : 0$, or $1 : -i : 0$; that is, we must have x and y infinite, and, as before, $x^2+y^2=0$, or in other words, the Absolute will consist of the points of intersection of the line infinity by the evanescent circle $x^2+y^2=0$."

箱崎 "With the values in question, the expression for the distance of the points (x, y) and (x', y') is

$$\sqrt{(x-x')^2+(y-y')^2};$$

……, which are obviously the formulæ of ordinary plane geometry, (x, y) being ordinary rectangular coordinates."

香山 クラインの特徴は，さっき六本松君もいったように，《運動》という概念だ.

Γ を Γ へ写す1次変換は無数にあるが，その任意の二つを合成したものも，Γ を Γ へ写す1次変換だな.

ここから，クラインは変換群という《無限》群の概念へと到達する．——この論文だ.

箱崎　標題は，さっきの論文と同じで，その第2部ですね．1873年に発表してますね.

"Als eine *Transformation* der Mannigfaltigkeit in sich selbst sei der Übergang verstanden, welcher von jedem Elemente zu einem (oder einigen) zugeordneten führt. Man mag die Transformation durch n Gleichungen bestimmen, nach welchen das zugeordnete Element von dem jedesmaligen ursprünglichen abhängt. Die Art der Gleichungen und ihre gegenseitige Beziehung ist für den Begriff zunächst gleichgültig; im folgenden werden wir aber immer voraussetzen, dass sie umkehrbar sind. Die umgekehrten Gleichungen repräsentieren, was die *umgekehrte Transformation* heissen soll."

変換の定義ですね．逆変換を持つのだけを考えるんですね．《運動》には，ソレが必然ですね.

六本松　"Sei nun eine Reihe von Transformationen A, B, C, $\cdots$ gegeben. *Wenn diese Reihe die Eigenschaft besitzt, dass je zwei ihrer Transformationen zusammengesetzt eine Transformation ergeben, die selbst wieder der Reihe angehört, so soll sie eine Transformationsgruppe heissen.*"

変換群の定義は，ケーリーと同じ．ただ，さっき注意してるから，表面には出てないけど，逆元の存在は仮定してるようだ.

箱崎　ケーリーの場合のように有限群だと，演算に関して閉じてることから逆元の存在が出るけど，無限群だとソウは行きませんからね.

六本松　逆元の存在の《要請》にメザメル！

香山　変換の定義にある《Mannigfaltigkeit》を，非ユークリッド幾何学の説明で，箱崎君は《多様体》と訳したな．

言葉は同じでも，現在のものよりは，概念としては狭い．——ココだ．

箱崎　"Wenn n Veränderliche

$$x_1,\ x_2,\ \cdots,\ x_n$$

gegeben sind, so konstituieren die n-fach unendlich vielen Wertsysteme, die man erhält, wenn man die x unabhängig voneinander die reellen Wert von $-\infty$ bis $+\infty$ durchlaufen lässt, dasjenige, was hier, in Übereinstimmung mit der gewöhnlichen Bezeichnungsweise, *eine Mannigfaltigkeit von n Dimensionen* genannt werden soll. Das einzelne Wertsystem

$$(x_1,\ x_2,\ \cdots,\ x_n)$$

werde als ein *Element* derselben bezeichnet."

クラインの《多様体》は数空間みたい，ですね．

香山　三種の幾何学を構成する《運動》は，もちろん，変換群だな．そこでの図形の性質は，《運動》で不変な距離と角度とを基礎としているな．

そこで，《空間 S と，S を S 自身の上へ移す変換群 G とが与えられたとき，S 内の図形の性質のうち G のどの変換によっても変わらないもの，すなわち変換群 G の不変量を研究するのが幾何学である》という思想を持つ．

標語的に，"Es ist eine Mannigfaltigkeit und in derselben eine Transformationsgruppe gegeben. Man entwickele die auf die Gruppe bezügliche Invariantentheorie." という．

六本松　《多様体と変換群が与えられたとき，この群に関する不変式論を展開せよ．》

香山　この見解の下で展開したのが……

箱崎　有名な《エルランゲン・プログラム》ですね．

香山　それは1872年12月7日の公開講演だな．

その主旨は1871年の11月に完成し，印刷に付している．非ユークリッド幾何学についての，この第二論文だ．

箱崎　でも，それは1873年に発表されてます．

香山　植字工のストで，遅れる．

変換群の理論は，クラインの友人リーによって，大いに発展する．

箱崎　リー群，ですね．

六本松　結局，ケーリーの扇子から生まれたクラインの駒台は，変換群！

箱崎　ケーリーにも群の概念はあったのに，変換群まで行かなかったのは，面白いですね．

群概念の確立

香山　「昨年うれしかったのは，大賞選考委の受賞理由の批評が的確で，僕の意図したところが全部見抜いてあったこと．絵っていいなあと思った．今年はどんな評か，楽しみ．」と米倉斉加年さんはいう．

『青少年の本のグラフィック大賞』受賞の弁だ．

箱崎　テレビでよくみかける俳優さんですね．

香山　《意図したところが全部見抜いてある》批評が一番だな．これまで書評をしたことはあるが，自分の本が批評されて初めて痛感した．

ケーリーの意図を全部見抜き，発展させる人が現れる．――ディックで，この論文だ．

箱崎　標題は，

Gruppentheoretische Studien

で，1882年に発表してますね．

六本松　“

A group is defined by means of the laws of combination of its symbols.

Cayley.

Einleitung.

Die folgenden Untersuchungen beschäftigen sich mit dem Probleme, *eine Gruppe von discreten Operationen, welche auf ein gewisses Object angewandt werden, zu definiren, wenn man dabei von einer speciellen Darstellungsform der einzelnen Operationen absieht, diese vielmehr nur nach den zur Gruppenbildungen wesentlichen Eigenschaften als gegeben voraussetzt.*"

ケーリーの，1878年の論文の，一節を引用してる．

香山 ケーリーの生成元の方法と，クラインの変換群との影響を受けている．

箱崎 "Wir gehen zur Bildung der Gruppe von gewissen *erzeugenden Operationen* A_1, A_2, A_3, $\cdots$ aus, über deren *speciellen* Charakter keinerlei Annahmen gemacht werden.

Dann kann man jede Gruppe, welche durch Iteration und Combination dieser Operationen sich bilden lässt, individualisiren, durch die Kenntniss gewisser Relationen, die bei der Zusammensetzung dieser ursprünglichen Operationen auftreten.

Indem wir jede Verbindung unserer Operationen in der bekannten Weise in Form eines symbolishen Productes:

$$(1) \qquad A_1^{\mu_1} A_2^{\mu_2} \cdots A_1^{\nu_1} A_2^{\nu_2} \cdots\cdots$$

schreiben, nehmen alle solche Relationen die Gestalt

$$(2) \qquad F_h(A_i) = 1$$

an, wo die F_h specielle Producte der in (1) angedeuteten Form sind."

生成元と基本関係で，群を形成しよう——というんですね．

香山 そのために，《die allgemeinste Gruppe》という現在の《自由群》に相当する概念を導入し，議論を展開する．

六本松 "Seien $A_1, A_2, A_3, \cdots, A_m$ irgendwelche m Operationen, welche auf ein Object J (Identität), das wir in der Folge stets als 1 bezeichnen, angewandt werden können, so lassen sich diese A_i stets als die „*erzeugenden*" Operationen einer Gruppe auffassen, die wir erhalten, wenn wir auf unser Object J alle Operationen in Iteration und Combination anwenden."

箱崎 "Die *allgemeinste* Gruppe aus m erzeugenden Operationen entsteht dann, wenn wir voraussetzen, dass unsere Operationen A_i *keine Perioden* besitzen und ausserdem gegenseitig durch *keine Relation* verbunden sind."

六本松 "Wir wollen dabei auch die den Operationen A_i *entgegengesetzten* Operationen in die Betrachtung ziehen, die wir in der üblichen Weise durch A_i^{-1} bezeichnen. Dann erhalten wir die unendlich vielen Substitutionen, welche unserer Gruppe G angehören, wenn wir auf die Identität zunächst die Operationen $A_1, A_1^{-1}, A_2, A_2^{-1}, \cdots, A_m, A_m^{-1}$ anwenden, je auf die so entstandenen Substitutionen die gleichen Operationen u. s. f."

箱崎 "Da wir zwischen den erzeugenden Operationen keine Relation angenommen haben, so sind die so entstandenen Substitutionen sämmtlich von einander verschieden und *es kann jede nur auf einem ganz bestimmten Wege aus den erzeugenden Substitutionen erlangt werden,* den die Formel

$$A_1^{\mu_1}A_2^{\mu_2}\cdots A_1^{\nu_1}A_2^{\nu_2}\cdots$$

(die wir stets von links nach rechts lesen wollen) angiebt."

六本松 ナルホド，なるほど——現代テキ！

香山 群の歴史で，この論文は高く評価されている．

また，現代的といえば——ディックの約10年後に，群の概念は確立される．コレだ．

箱崎 著者はウェーバー，標題は，

Die allgemeinen Grundlagen der Galois'schen Gleichungstheorie

で，1893年に発表してますね．

六本松 明治26年か．シルヴェスターがオクスフォード大学を退職した年．

箱崎 『文学界』という雑誌が発刊され，島崎藤村が活躍してる頃ですね．

香山 この論文の目的は，ガロアの方程式論の基礎付けだが，そのために群と体との概念を精密に定義する．

六本松 "Ein System 𝔖 von Dingen (Elementen) irgend welcher Art in endlicher oder unendlicher Anzahl wird zur *Gruppe,* wenn folgende Voraussetzungen erfüllt sind."

群の元はドンナ種類のものでもいいし，有限集合でも無限集合でもいい！

箱崎 " 1) *Es ist eine Vorschrift gegeben, nach der aus einem ersten und einem zweiten Element des Systems ein ganz bestimmtes drittes Element desselben Systems abgeleitet wird.*

Man schreibt symbolish, wenn A das erste, B das zweite, C das dritte Element ist

$$AB=C, \quad C=AB,$$

und nennt C aus A und B *componirt*."

六本松 "Bei dieser Composition wird im Allgemeinen nicht das commutative Gesetz vorausgesetzt, d. h. es kann AB von BA verschieden sein ; dagegen wird

2) *das associative Gesetz vorausgesetzt,*

d. h. wenn A, B, C irgend drei Elemente aus 𝔖 sind, so ist

$$(AB)C=A(BC),$$

und hieraus folgt durch die Schlussweise der vollständigen Induction, dass man immer zu demselben Resultat kommt, wenn man in einer beliebige Reihe von Elementen von 𝔖 in endlicher Anzahl

$$A, B, C, D, \cdots$$

zuerst zwei benachbarte Elemente componirt, dann wieder zwei benachbarte, u. s. f. bis die ganze Reihe auf ein Element reducirt ist, das mit $ABCD\cdots$ bezeichnet wird."

箱崎 "　3) *Es wird vorausgesetzt, dass,* $AB=AB'$ *oder* $AB=A'B$ *ist, nothwendig* $B=B'$ *oder* $A=A'$ *sein muss.*

Wenn 𝔖 eine endliche Anzahl von Elementen umfasst, so heisst die Gruppe eine *endliche* und die Anzahl ihrer Elemente ihr *Grad.*"

六本松 "Bei endlichen Gruppen ergiebt sich aus 1), 2), 3) die *Folgerung.*

4) *Wenn von den drei Elementen* A, B, C *zwei beliebig aus* 𝔖 *genommen werden, so kann man das dritte immer und nur auf eine Weise so bestimmen, dass*

$$AB=C$$

ist."

四つの公理で規定してる.

箱崎　単位元の存在とか，逆元の存在とかも，この公理から証明してますね.

六本松　ウェーバーの定義と教科書の定義は同値.

香山　このように，方程式論・不変式論・幾何学それから――ケーリーの業績とは直接には結びつかないので割愛したのだが――整数論の下で，群の概念は形成されたのだ.

箱崎　不変式論は行列論の背景にも，なってましたね.

香山　ここまで来れば，《行列》とかけて《群》と解く，そのココロは……

六本松　十分に，わかった！

著者紹介：

矢ヶ部 巌（やかべ・いわお）

1956年九州大学理学部数学科を卒業，

九州大学名誉教授．

復刊 行列と群とケーリーと

2019年6月20日 初版1刷発行

著 者 矢ヶ部 巌

発行者 富田 淳

発行所 株式会社 現代数学社

〒606-8425 京都市左京区鹿ヶ谷西寺ノ前町1

TEL 075 (751) 0727 FAX 075 (744) 0906

http://www.gensu.co.jp/

装 幀 中西真一（株式会社 CANVAS）

印刷・製本 亜細亜印刷株式会社

検印省略

ISBN978-4-7687-0512-4